科研机构

治理"数字大脑"建设的思考及实践

张灵箭 等◎著

浙江工商大学 出版社

ZHEJIANG GONGSHANG UNIVERSITY PRESS

·杭州·

图书在版编目(CIP)数据

科研机构治理"数字大脑"建设的思考及实践 / 张灵箭等著 . -- 杭州 : 浙江工商大学出版社 , 2024. 10.
ISBN 978-7-5178-6205-5

Ⅰ . G322.2

中国国家版本馆 CIP 数据核字第 2024LB7976 号

科研机构治理"数字大脑"建设的思考及实践

KEYAN JIGOU ZHILI "SHUZI DANAO" JIANSHE DE SIKAO JI SHIJIAN

张灵箭　等　著

策划编辑	陈力杨
责任编辑	张晶晶
责任校对	杨　戈
封面设计	杭州彩地电脑图文有限公司
责任印制	祝希茜
出版发行	浙江工商大学出版社
	（杭州市教工路 198 号　邮政编码 310012）
	（E-mail：zjgsupress@163.com）
	（网址：http://www.zjgsupress.com）
	电话：0571-88904980，88831806（传真）
排　　版	杭州彩地电脑图文有限公司
印　　刷	杭州高腾印务有限公司
开　　本	880 mm × 1230 mm　1/32
印　　张	8.125
字　　数	194 千
版 印 次	2024 年 10 月第 1 版　2024 年 10 月第 1 次印刷
书　　号	ISBN 978-7-5178-6205-5
定　　价	68.00 元

撰写人员：

张灵箭、王梁昊、李月标、魏　阙
丁　伟、陶　康、温远周、金亮冰

致　谢

　　感谢之江实验室陈伟、刘文献、董波等同仁对本书给予的指导和帮助！

目 录
CONTENTS

第一章　人脑工作机理剖析 // 3

　1.1 人脑的工作机理 // 3

　1.2 建设"数字大脑"的启发 // 6

第二章　"数字大脑"发展历程回顾 // 9

　2.1 "数字大脑"概念的提出和演进 // 9

　2.2 "数字大脑"典型案例剖析 // 22

　2.3 建设科研机构治理"数字大脑"的启发 // 25

第三章　科技治理创新对科研机构治理提出的新要求 // 28

　3.1 科技治理创新的内涵与必要性 // 28

　3.2 科研机构治理创新的实践与探索 // 30

　3.3 建设科研机构治理"数字大脑" // 32

第四章　科研机构治理"数字大脑"的定义内涵和定位 // 35

　4.1 科研机构治理"数字大脑"的建设意义 // 35

　4.2 科研机构治理"数字大脑"的定义内涵 // 38

　4.3 科研机构治理"数字大脑"的本质特征 // 39

　4.4 科研机构治理"数字大脑"的总体定位 // 41

第一篇

理念篇 / 1

第五章 科研机构治理"数字大脑"建设构架 // 47

5.1 科研机构治理"数字大脑"系统框架 // 47

5.2 科研机构治理"数字大脑"建设原则 // 51

5.3 科研机构治理"数字大脑"建设方法 // 52

5.4 科研机构治理"数字大脑"建设要点 // 56

第二篇

规划建设篇 / 45

第六章 科研机构治理"数字大脑"的本体建设 // 58

6.1 建设目标与建设内容 // 58

6.2 感知区建设 // 60

6.3 分析区建设 // 86

6.4 记忆区建设 // 89

6.5 学习区建设 // 91

6.6 决策区建设 // 102

6.7 演化区建设 // 103

6.8 应用案例 // 105

第七章 科研机构治理"数字大脑"的小脑功能建设 // 115

7.1 "风险预警"功能建设 // 115

7.2 "全景画像"功能建设 // 125

7.3 "预测预报"功能建设 // 133

7.4 "动态指数"功能建设 // 142

7.5 "智能导航"功能建设 // 151

7.6 "智能问答"功能建设 // 159

7.7 "自动决策"功能建设 // 170

第八章 建设科研机构治理"数字大脑"的支撑保障措施 // 178

8.1 构建标准规范体系 // 178

8.2 构建网络安全体系 // 179

8.3 构建基础设施体系 // 181

8.4 构建政策制度体系 // 183

8.5 构建组织保障体系 // 184

第三篇 运营运维篇 / 187

第九章 构建科研机构治理"数字大脑"的运营管理体系 // 189

9.1 建设运营服务平台 // 190

9.2 编制数字资源目录 // 194

9.3 构建运营管理体系 // 202

第十章 构建科研机构治理"数字大脑"的运维管理体系 // 207

10.1 "数字大脑"运维的主要特点 // 207

10.2 构建运维管理体制 // 210

10.3 构建运维协作流程 // 213

10.4 开展运维日常保障 // 219

10.5 加强运维工具建设 // 222

第四篇

展望篇 / 227

第十一章 未来数字技术发展的趋势 // 229

11.1 大模型技术取得重大突破，推动人工智能技术快速发展 // 229

11.2 数据确权交易体系不断完善，推动数据释放更大价值 // 230

11.3 数字化转型加快挺进"深水区"，推进数字变革创新 // 232

第十二章 数字技术对科研机构治理"数字大脑"未来的影响 // 234

12.1 技术变革将进一步加速科研机构治理"数字大脑"变得更加智能 // 234

12.2 科研机构治理"数字大脑"将加速与各层级各领域大脑融通 // 236

12.3 更智能化的"数字大脑"将加速科研机构变革重塑 // 237

12.4 科研机构治理"数字大脑"将面临越来越严峻的网络安全挑战 // 239

第十三章 提升科研机构治理"数字大脑"水平的对策建议 // 241

13.1 提升"数字大脑"一体化水平 // 241

13.2 提升"数字大脑"智能化水平 // 242

13.3 提升数据深度开发能力 // 243

13.4 提升网络安全防护水平 // 244

参考文献 // 247

理念篇

　　《数字中国建设整体布局规划》提出，要强化数字化能力建设，促进信息系统网络互联互通、数据按需共享、业务高效协同。通过建设"数字大脑"，完成科研机构的精准感知、科学分析、智能决策和高效执行，有望优化创新资源配置，形成跨学科、跨领域、跨地域的多元并行的科研组织模式。

　　本篇讨论了人脑的工作机制及其对"数字大脑"建设的启示，介绍了科研机构治理"数字大脑"建设的背景和内涵。"数字大脑"的建设应强调共建共享，避免碎片化和低水平重复，加强对现有智能元素的利用，同时加强增量智能资源的沉淀。

第一章　人脑工作机理剖析

1.1 人脑的工作机理

　　大脑是人类中枢神经系统的核心组成部分，负责处理和控制几乎所有的感知、思维和行为活动。大脑皮层是大脑的最外层，由大量的神经元组成，起到非常重要的作用。大脑的功能和结构非常复杂，研究者们在不断探索和揭示其中的奥秘。对于人类的认知和行为，大脑起着至关重要的作用。

　　作为中枢神经系统的组成部分，大脑是所有脊椎动物和大部分无脊椎动物的神经系统中心。它通常位于头部，靠近感觉器官，如视觉器官。脑是脊椎动物体内最为复杂的器官之一。人类的大脑皮层含有约140亿—160亿个神经元，而小脑中含有约550亿—700亿个神经元。每个神经元都通过突触与其他数千个神经元相连接。这些神经元之间通过称为轴突的原生质纤维进行长距离的相互连接，从而能够传递一种被称为动作电位的冲动信号，信号在脑的不同区域之间或向身体的特定部位传递。

　　从机制的角度来看，脑的主要功能是控制身体其他器官的运作。

脑通过两种方式对其他器官产生作用：一是通过调节肌肉的运动模式；二是通过分泌一些被称为激素的化学物质。这种集中的控制方式使得人体能够快速而一致地对环境变化做出反应。一些基本的反射行为，比如反射动作，可以通过脊髓或周边神经节进行控制。然而，对于基于多种感官输入的有意识、有目的的动作，只有通过脑的中枢整合能力才能实现控制。从功能的角度来看，大脑是控制和调节几乎所有身体和脑部功能的"管理者"。从基本的生理功能，如呼吸或饥饿口渴等，到更高级的认知功能，如推理、注意力和记忆等，大脑负责确保所有这些意识和潜意识的功能正常运作。

从构成的角度来看，大脑本体和小脑是人类大脑的重要组成部分。大脑本体是指人类的大脑皮层，是大脑的最外层，也是神经系统中最为发达和复杂的一部分。大脑本体主要负责处理信息、学习、记忆、思考、判断和决策等高级认知功能，以及控制身体的运动和感觉。大脑皮层的不同区域负责不同的认知功能，例如语言、运动、视觉、听觉和情感等。小脑位于大脑下方，是调节身体平衡和协调肌肉运动的重要结构。小脑主要负责协调和平衡身体的肌肉运动和姿势，以及控制运动的节奏和协调。小脑还可以通过接收来自身体各部位的感觉信息，以及与大脑皮层的交互作用，帮助我们控制和协调身体的动作。大脑本体和小脑之间有着密切的联系和相互作用。大脑本体通过神经纤维与小脑相连，可以调控小脑的功能。小脑则通过接收来自大脑皮层的指令和来自身体各部位的感觉信息，来协调和平衡身体的肌肉运动和姿势。如图 1-1 所示。

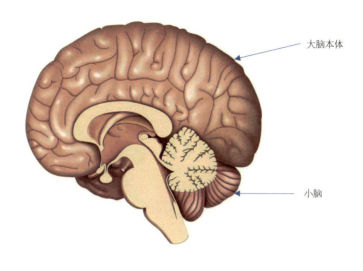

大脑本体

小脑

图 1-1 人脑结构图

人脑是一个复杂的器官，其工作机理至今仍存在许多未解之谜。然而，通过研究神经科学和认知科学，我们对人脑的工作机理有了一些初步的了解，但是数以兆（10^6）亿计的神经元如何以集群的方式协同工作仍然是一个未解决的问题。在现代神经科学中，脑被视为一种生物计算机。虽然其运行机制与电子计算机有很大不同，但它们具备从外界获取信息、存储信息以及以多种方式处理信息的功能，这与计算机的中央处理器（CPU）有些相似。人脑的基本单位是神经元，它们通过复杂的网络连接在一起。神经元之间通过电化学信号进行信息传递。当神经元接收到足够的刺激时，会发射电脉冲，其被称为动作电位，这种电脉冲沿着神经元的轴突传播，然后通过突触连接到其他神经元。人脑的信息处理是分布式的，不同区域负责不同的功能。例如，视觉信息在视觉皮层中被处理，语言信息在语言中心被处理。此外，人脑还具有可塑性，能够通过学习和经验进行适应和改变。

1.2 建设"数字大脑"的启发

建设"数字大脑"的启发主要来自人脑的神经网络结构和信息处理机制。"数字大脑"的目标是通过模拟和复制人脑的功能来建成智能计算机系统。

从结构层面来说，人脑是一个非常复杂而精密的器官，它集合了视觉、听觉、嗅觉、味觉和触觉等五种感觉，这些感觉在人脑中相互支撑、交叉融合，共同构成了我们对世界的感知。当我们感受到外界的刺激时，不同感觉所激活的神经信号会传达到不同的脑区，这些信号会波及并触发人的心绪、思维、意志等心理活动。当我们接收到新的感觉刺激时，大脑会将这些刺激与已有的记忆进行关联，进行推理和联想。这些功能与大脑结构存在着对应关系，不同区域的脑细胞相互连接，形成了复杂的神经网络。人脑的神经网络系统具有多层反馈机制。当我们面对大量的感觉刺激时，人脑会通过基于内容和语义的视觉"选择性注意"机制来筛选和关注特定的信息。这种机制使我们能够更好地处理和理解复杂的感觉输入，提高认知效率。我们在"数字大脑"的建设中，可以借鉴人脑的结构，将不同的数据源进行整合和交互，形成一个综合感知的系统。通过将不同的数据类型进行关联和联想，"整体""协同"地提升"数字大脑"的感知能力和认知效率。

从功能层面来说，人脑是人类最为神奇的器官之一。它通过一系列神经系统，包括末梢、感官、神经、功能区和中枢，实现了各种功能。人脑通过周围神经与人体其他各个器官、系统发生广泛而复杂的联系。这种联系使得人脑能够感知、处理和响应外界刺激，从而实现认知、运动、情感和其他复杂的行为。人脑还是一个高度互联的系统，各个子系统的功能不是孤立的，它们之间相互联系、相互制约。末梢系统通过感觉器官接收外界信息，将其传递给神经系统进行处理。神经系统通过神经元和突触网络传递信息，并将其传送到不同的功能区域。不同的功能区域负责处理不同的信息，如运动控制、语言处理、视觉感知等。人脑需要对体内各种功能进行调节，以适应经常变化的环境。这包括对内、外环境的感知和适应，对体温、血压、代谢等生理功能的调节，以及对情绪、注意力等心理状态的调节。人脑通过神经调节和内分泌系统的协调作用，能够快速而准确地对这些变化做出反应，维持机体的稳态和适应能力。我们在"数字大脑"建设中，可以将不同的功能模块进行集成，形成一个多功能的系统。通过模拟人脑的功能连接方式，可以实现"数字大脑"的多样化应用，如智能决策、自主学习等。同时，人脑对内、外环境的感知和适应能力也为"数字大脑"提供了借鉴，可以通过与外部系统的交互，实现"智治""高效"对数据和环境的实时感知和调节。

从系统层面来说，大脑跨越了物质和精神两个领域。在物质层面上，大脑是由神经细胞和突触组成的生物器官，通过电化学信号进行信息处理。而在精神层面上，大脑是思维、意识和情感等心理活动的基础，承载着人类的认知和情感体验。大脑实现了信息的感知、处理、传递、决策、执行、反馈和评估等功能的一体化。不同的脑区域负责不同的功能，如感觉皮层负责感知信息，执行皮层负责决策和执行动作。这些功能在大脑中相互交互、紧密合作，形成了一个整体的信息处理系统。另外，大脑具有最小能耗和最优结构的特点。大脑的能耗相对较低，尽可能高效地利用能量资源。同时，大脑的结构也经过了漫长的进化和自然选择，形成了最优的连接方式和组织结构，以实现高效的信息处理和功能执行。我们在"数字大脑"的建设中，应该注重系统的整合和协作。通过构建一个开环、半开环、闭环相结合的"数字大脑"系统，可以实现数据的感知、处理、传递、决策和执行等功能的一体化。同时，借鉴大脑的最小能耗和最优结构特点，"数字大脑"也应该尽可能高效地利用能量资源，并建立最优的连接方式和组织结构，以实现"共建""共享"的信息处理和功能执行。

从演化层面来说，人类大脑经历了生物学的自然发育过程，从胚胎阶段开始逐渐形成和成熟，这启示我们在"数字大脑"建设中应该注重系统的发展和成熟。通过逐步建立和巩固数字大脑的基本结构和功能，可以实现系统的稳定和高效工作。人类大脑具有可塑性，通过特定的训练和学习可以在短期内实现能力的提升。这启示我们在"数字大脑"建设中应该注重系统的可学习性和适应性。设计合适的学习算法和训练模型，可以使"数字大脑"具备不断学习和适应新环境的能力，不断提升其功能和性能。人类大脑的发展和进化是受内部基因和外部环境因素的综合影响。这启示我们在"数字大脑"建设中应该注重系统的全面发展。通过考虑内部因素如系统的基本结构和算法设计，以及外部因素如数据的质量和多样性，可以实现"数字大脑"的全面发展和进化，使其更好地适应复杂的任务和环境。

总的来说，人脑是一个复杂而精密的系统，它通过末梢、感官、神经、功能区和中枢等神经系统之间的协调与互动，实现了人类的各种认知和行为功能。它不仅实现了与外界的交互和适应，还对内部环境进行调节，以确保机体的正常运行和适应变化的环境。人脑工作机理对"数字大脑"的建设提供了重要启发，但实现一个真正智能的"数字大脑"仍然需要进一步探索和实践。

第二章 "数字大脑"发展历程回顾

2.1 "数字大脑"概念的提出和演进

2.1.1 概念的提出及内涵

作者依托中国知网数据库,围绕"数字大脑""智慧大脑"两个主题词进行检索,提取出 2001—2023 年间的 818 篇文献进行全量级、全过程、全周期的文献计量分析(数据收集时间:2023 年 11 月 13 日)。

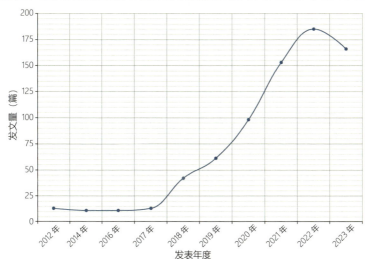

图 2-1　2012—2023 年有关"数字大脑""智慧大脑"的发文量走势图

　　如图 2-1 所示，从 2017 年开始关于 "数字大脑" "智慧大脑" 的政策理论研究文献和媒体资讯报道呈现爆发式增长，2018—2022 年继续保持增长态势。"城市大脑" 最早于 2015 年提出，但真正得到广泛关注则与基于 "数字治堵" 背景下诞生的杭州城市大脑理念的提出息息相关。2016 年，时任阿里巴巴首席技术官、后成为中国工程院院士的王坚在杭州首次提出基于 "数字治堵" 背景下的城市大脑，当时被称为 "城市数据大脑"。王坚院士认为，"以城市框架为基础，以 '大脑' 运作为仿效，以数据资源为要素，是对 '城市数据大脑' 的基本诠释"。"城市大脑" 基于云计算、大数据、物联网、人工智能等新一代信息技术构建，能综合利用城市内外部数据资源，通过全局实时分析研判，对城市公共资源进行智能化调配，实现经济、社会、政府的数字化转型，是新型智慧城市建设的重要基础设施和综合应用工具。以此为起点，伴随着智慧城市建设和发展过程，全国各地拉开了大规模建设城市大脑的大幕。据不完全统计，2020 年 10 月底，全国共有 129 个项目以 "城市大脑" 为名进行招标，平均中标金额约为 5500 万元。城市大脑的概念和内涵在不断地深入和演化。经分析，城市大脑得以快速铺开建设有三个方面的原因：第一，王坚院士提出的基于 "数字治堵" 背景下的城市大脑为城市大脑建设提供了良好的理论基础和最佳的实践样本；第二，随着智能化技术特别是人工智能、大数据技术等关键技术的突破，为城市大脑建设创造了良好的技术基础；第三，城市治理者在实际业务场景中遇到了一些挑战，需要通过学习借鉴人类大脑的工作机理来解决一些实际的业务困难。

　　分析城市大脑这个定义，其至少涵盖五方面的内容：（1）城市大脑的关键技术是云计算、大数据、物联网、人工智能等新一代信息技术；（2）城市大脑的建设方法是综合利用城市内外部数据资源，全局实时分析；（3）城市大脑的核心价值是对城市公共资源进行智能化调配；（4）城市大脑的目标是实现经济、社会、政府的数字化转型；（5）城市大脑的定位是新型智慧城市建设的重要基础设施和综合应用工具。对一座城市而言，城市公共资源是有限的，就像城市道路资源。城市可以通过修马路、建高架、挖隧道等方式在一定程度上拓展道路长度和宽度，但是受空间和投资限制，道路资源不会无限地增加，随着道路上车辆的增多，道路变得越来越拥堵，这是传统城市治理理念很难破解的难题。而利用数字化手段建设的城市大脑则另辟蹊径，成为解决"城市病"的有效途径。城市大脑通过对马路拥堵点、市民出行量以及道路车流量等大数据进行分析，采取优化红绿灯时间间隔设置、科学指导道路建设、辅助车辆智能导航等手段，让单位长度的道路上可以行驶更多的车辆，这就以另外一种方式提升了城市公共资源利用效率，缓解了城市交通拥堵问题。

2020年3月，习近平总书记在杭州城市大脑运营指挥中心考察时指出，推进国家治理体系和治理能力现代化，必须抓好城市治理体系和治理能力现代化。运用大数据、云计算、区块链、人工智能等前沿技术推动城市管理手段、管理模式、管理理念创新，从数字化到智能化再到智慧化，让城市更聪明一些，更智慧一些，是推动城市治理体系和治理能力现代化的必由之路。2022年4月26日下午，浙江省委召开全省数字化改革推进会，时任省委书记袁家军在会上强调，一体融合、改革突破，着力提升数字化改革实战实效，强化"大脑"能力建设，聚焦重点领域分批推进"大脑"建设，提升监测评估、预测预警和战略目标管理能力。2022年5月18日，《学习时报》头版刊发时任浙江省委书记袁家军的文章《以习近平总书记重要论述为指引 全方位纵深推进数字化改革》，其中系统阐述了浙江数字化改革"平台＋大脑"的建设背景、建设历程以及下一步的推进举措。

从"大脑"提出伊始，袁家军就对"大脑"做出了完整的定义："大脑"是综合集成算力、数据、算法、模型、业务智能模块等数字资源，具有实现"三融五跨"的分析、思考、学习能力，并不断迭代升级的智能系统，是一体化、智能化公共数据平台的重要组成部分和核心能力所在，是构建数字化改革能力体系和动力体系的重中之重。"大脑＋平台"一体化建设，共同支撑数字化改革重要应用，提升监测评估、预测预警和战略目标管理能力。

分析数字化改革"大脑"这个定义，其至少涵盖了七个方面的内容：（1）"大脑"建设的背景是数字化改革；（2）"大脑"的定位是一体化、智能化公共数据平台的重要组成部分和核心能力所在，是构建数字化改革能力体系和动力体系的重中之重；（3）"大脑"建设的方法是综合集成算力、数据、算法、模型、业务智能模块等数字资源；（4）"大脑"建设的核心能力是具有实现"三融五跨"的分析、思考、学习能力；（5）"大脑"的主要特征是能够不断迭代升级；（6）"大脑"建设的策略是"大脑＋平台"一体化建设；（7）"大脑"建设的目标是：提升监测评估、预测预警和战略目标管理能力。

针对数字化改革"大脑"建设目标，浙江省委开始着手建立"系统大脑＋领域大脑＋城市大脑"的全省"大脑"分层体系架构，"大脑"分为三个层次：一是 6＋1 "系统大脑"（对应数字化改革"1612"架构中的"6"，即党建统领整体智治、数字政府、数字经济等六大系统，以及第二个"1"，即基层智治系统），集成"系统大脑"中的数

据、知识、算法、模型、组件等，是个系统的智能中心；二是 N 个
"领域大脑"，是特定领域的智能中心，由省级部门牵头，一地创新、
全省共享，不重复建设；三是 11 个设区市"城市大脑"，是市域治理
各领域智能化要素的集，由各地市统筹建设，各区县依托平台＋城市
大脑开发智能应用。

理解数字化改革"大脑"的要义和内涵，是立足科研机构实际，
开展科研机构治理数字大脑建设的重要前提。深入理解数字化改革
"大脑"，要从以下两个方面入手。

第一，数字化改革"大脑"是数字化改革的迭代升级。2003 年，
习近平总书记在浙江工作期间做出了"数字浙江"决策部署。此后，
"四张清单一张网"、"最多跑一次"改革、政府数字化转型、数字化
改革，直到 2022 年的"大脑"建设，是一个前后相继、迭代深化的过
程。2014 年的"四张清单一张网"可以说是数字化改革概念的初步呈
现，2017 年的"最多跑一次"改革以及"双随机、一公开"、基层治
理"四个平台"、综合行政执法体制改革是数字社会、数字法治的初
步实践，2018 年至 2020 年的政府数字化转型、"最多跑一次"改革、
建移动办公之城、创最优营商环境、出台《浙江省数字经济促进条
例》、成立数据资源管理局等是党政机关整体智治、数字政府、数字
经济、一体化智能化公共数据平台的初步实践。2022 年的全省数字化
改革推进大会上，浙江提出数字化改革要加快探索各领域"大脑"建
设的新路径，更加突出智能化智慧化，以算力换人力，以智能增效能。
回顾历史可以看出，数字化改革"大脑"是在以习近平同志为核心的
党中央做出建设"数字中国"战略决策的背景下，对数字化改革的深
化，不是另起炉灶，不是从零开始。有了这样的认识，就能够帮助建

设者克服对"数字大脑"的距离感、陌生感和恐惧感,以更加积极的态度参与建设。同时,也让大家对"数字大脑"建设的规律性有了更科学的认识,"数字大脑"建设不是一蹴而就的事情,而是要循序渐进,在做好数字化的基础上才能更好地开展"数字大脑"建设。

第二,数字化改革"大脑"突出智能化。数字化改革"大脑"定义提出要综合集成算力、数据、算法、模型、业务智能模块等数字资源,具有实现"三融五跨"的分析、思考、学习能力,提升监测评估、预测预警和战略目标管理能力,工作中要把握好数字化和"数字大脑"两者的关系。数字化是"数字大脑"的前提和基础,"数字大脑"是数字化的跃升。要认识到,"数字大脑"是机构治理模式的变革,不是简单地把数字化应用进行功能的重新组合,也不是把原来的数据报表以更加炫酷的方式呈现,而是要用算法模型对数据进行智能化分析,辅助精准决策,相当于为组织机构提供一个外脑(机脑),使得人脑与机脑协同发力,最终达到以算力换人力、以智能增效能的效果,从而有效推动组织的整体效能变革。

2.1.2 研究专家、机构和领域

本书对"数字大脑"建设领域的发文作者及其合作网络进行了系统分析,从而梳理出我国在"数字大脑"建设这一领域的主要学者和政策研究者。我们通过 CiteSpace 进行了结果的可视化分析,如图 2-2 所示。图中字体越大代表作者的发文数量越多,节点之间的关系代表了不同作者之间的合作网络,线条的粗细表征了合作的紧密程度。

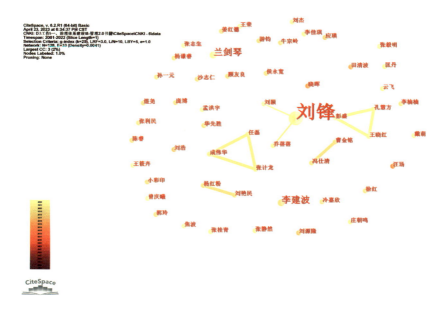

图 2-2　作者合作网络图谱

　　合作网络的总节点数为 128 人，总连接数为 33，表明这一领域研究较为分散，还未形成有规模、有组织的合作网络。作者认为，其主要原因有两个方面：一是数字大脑是比较新的研究领域，尚处于发展初期，目前的研究体系还不健全，研究人员还未形成紧密合作关系；二是数字大脑涉及党的领导和经济、政治、文化、社会、生态文明建设全过程各方面，因此主题较为分散，一定程度上限制了不同部门、领域、学科之间的合作。

　　从图 2-2 可以看出，刘锋、兰剑琴、李建波等较早介入"数字大脑"的研究且具有代表性，刘峰、刘颖、乔蓓蓓、彭盛、孔慧方、王晓红、任磊、成伟华、张计龙等构成了最广泛的合作网络，刘锋、刘颖、乔蓓蓓构成了高产合作网络。

在所有文献中,时任浙江省委书记袁家军在《政策瞭望》上发表的署名文章《全面推进数字化改革　努力打造"重要窗口"重大标志性成果》具有较强的政治导向性和政策引领性,应予以重点关注。此外需要关注远望智库数字大脑研究院院长、学会团体标准工作委员会委员兼专业技术委员会副主任刘锋博士,他在所发表的文章中,阐述了城市大脑的起源、城市大脑的五个系统层,以及"大脑"如何赋予城市智慧,具有较强的理论指导性。

从作者所在单位而言,高校、政府厅局、政府智库、研究机构在该领域研究有一定的布局,(图2-3)另外从署名单位地域分布来看,北京、杭州、厦门、南京等城市对该领域研究实践较多。一方面,说明全国对"数字大脑"尤其是城市大脑高度重视,并开展了积极有益的探索和研究;另一方面,也表明沿海发达城市在"数字大脑"研究和建设方面走在全国前列。

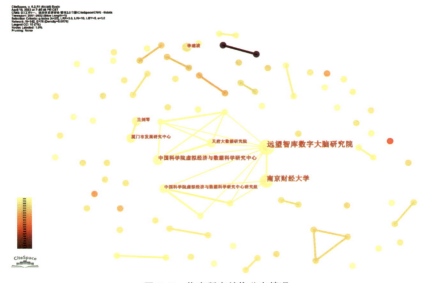

图2-3　作者所在单位分布情况

从发文量来看，如表 2-1 所示，中国科学院虚拟经济与数据科学研究中心、远望智库数字大脑研究院等排名靠前，其中远望智库数字大脑研究院、南京财经大学、中国科学院虚拟经济与数据科学研究中心和厦门市发展研究中心产出的文章较多。其中远望智库数字大脑研究院是一家以前沿科技与新兴产业为主要研究对象的独立咨询机构，同时也是一家集媒体、情报和咨询于一体的平台型智库。中国科学院虚拟经济与数据科学研究中心主要研究方向包括虚拟经济、数据挖掘与最优化、绿色经济、虚拟商务、社会计算与电子健康以及风险投资，聚集了中国科学院大学数学科学学院、计算机与控制学院、经济与管理学院的相关人才。

表 2-1 高产作者发文量和署名单位

序号	作者	发文量	署名单位
1	刘锋	9	中国科学院虚拟经济与数据科学研究中心、远望智库数字大脑研究院、南京财经大学
2	兰剑琴	2	厦门市发展研究中心
3	李建波	2	国家能源投资集团有限公司

从学科分布来看，如图 2-4 所示，"数字大脑"在信息经济与邮政经济、工业经济、计算机软件与应用、宏观经济管理和可持续发展、行政学及国家行政管理、交通运输经济、公路与水路运输等领域表现出明显的交叉研究特点。

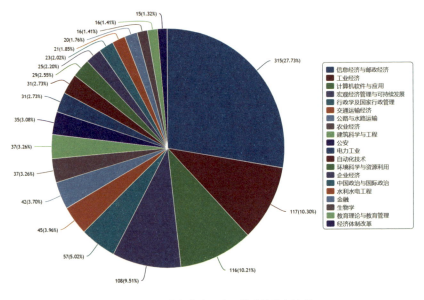

图 2-4   "数字大脑"涉及的学科分布情况

2.1.3 关键主题分析及演进

在 CiteSpace 中，中心性（Centrality）是分析关键词重要程度的一个关键指标。中心性数值表示该词是文章 A 和 B 的关键词中介，处于中枢位置，或者有一个关键词连接好几篇文章，起着枢纽的作用，这个词就叫中介中枢，具有中心性。中心性超过 0.1 的节点，则说明该节点为中心节点，在研究中较为重要且具有较大的影响力。数据分析结果表明，"智慧城市""数据资源""人工智能"等词在研究中具有重要影响力。如表 2-2 所示。

表 2-2   根据中心性排序的高频关键词

序号	关键词	频次	中心性
1	智慧城市	33	0.37
2	数据资源	7	0.11

序号	关键词	频次	中心性
3	人工智能	14	0.10
4	出行者	2	0.09
5	大数据中心	5	0.08
6	政务服务	6	0.07
7	智慧化	9	0.06
8	云平台	5	0.06
9	数字化转型	6	0.06
10	云计算	3	0.05
11	物联网	5	0.04
12	公交出行	2	0.04

　　为了明晰我国研究者在"数字大脑"主题下的研究聚焦点，作者对 818 篇文献开展了关键词的共现分析。如图 2-5 所示，总共检索到的关键词为 190 个，图 2-5 中文字越大表示该词出现的频率越高，连线表示关键词之间的共现度，连线越粗表示两者共现的强度越高。结果表明，"智慧城市""人工智能""数据资源""智慧化""智慧城市建设"是较大的节点，"大数据中心""数字化转型""物联网""云平台""人工智能技术"等次之。

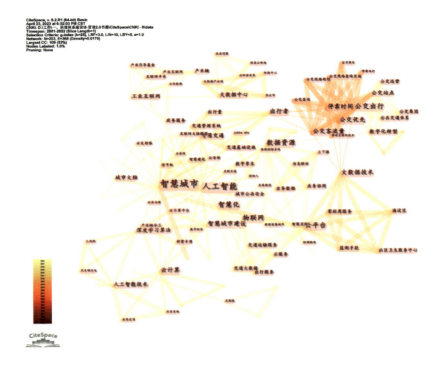

图 2-5　关键词共现图谱

　　关键词突现是指该关键词的活跃程度显著提升，从而作为领域研究新兴趋势的量化标识。CiteSpace 对数字化改革的关键词突现（Citation Bursts）指标的分析结果表明，自 2018 年以来，突现强度较大的关键词有城市大脑（2.49）、最强大脑（1.63）、大数据（1.63）、数字化转型（1.40）、政务服务（1.34）等，表明关键技术的运用，是较为前沿的热点聚焦，对"数字大脑"研究至关重要。如图 2-6 所示。

Top 5 Keywords with the Strongest Citation Bursts

Keywords	Year	Strength	Begin	End	2014–2022
数字化转型	2018	1.40	**2018**	2019	
大数据	2019	1.63	**2019**	2019	
最强大脑	2019	1.63	**2019**	2019	
政务服务	2020	1.34	**2020**	2022	
城市大脑	2021	2.49	**2021**	2022	

图 2-6　关键词突现图谱

为了有效地分析文献对"数字大脑"研究的热点转化，作者对818篇文献的关键词开展了时序分析，如图2-7所示，相关领域的研究热点从聚焦于人工智能、云平台、公交出行，逐步与具体产业、具体行业、具体业务进行有机结合，表明研究人员从原来仅关注理论和技术本身，开始转而更多关注技术落地和对社会经济发展的实际贡献。主要应用场景包括交通出行、政务服务、产业链协同等。

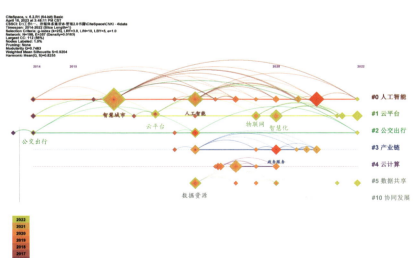

图 2-7　关键词时序图谱

通过关键主题分析，作者认为，"数字大脑"建设应重点围绕新数字要素、新数字技术、新互联网载体、新基建等"四新"特征来开展。一是新数字要素，将各领域的数据、知识作为核心战略资源，充分利用自身优势，获取别人拿不到的数据资源；二是新数字技术，充分利用人工智能、智能感知、智能系统等领域的技术进步，发挥计算和算法的"新内燃机"作用；三是新互联网载体，要充分运用短视频、直播、元宇宙等形式重塑人与人的交互模式以及科研的合作模式，开放组织的边界；四是新基建，充分利用好大模型、人工智能开放平台、物联网平台等新型计算基础设施，发挥对"数字大脑"建设的支撑保障作用。

2.2 "数字大脑"典型案例剖析

2.2.1 杭州"城市大脑"剖析

杭州"城市大脑"的建设始于 2016 年，旨在利用大数据和人工智能技术改善城市交通状况。自此以后，杭州"城市大脑"不断拓展应用场景，目前已经涵盖了警务、交通、文旅、健康等多个领域，成为推动城市治理现代化的重要手段。

杭州"城市大脑"的建设框架包括中枢、系统平台、数字驾驶舱和应用场景等多个组成部分。其中，中枢是城市大脑的神经中枢，负责数据的采集、整合、存储和分析；系统平台则提供了可扩展的智慧应用平台，包括警务、交通、文旅、健康等领域的智能化应用；数字驾驶舱则提供了全方位的数字驾驶舱，方便政府部门和公众了解城市各方面的状况；应用场景则针对不同领域的需求，提供了多样化的智慧化应用场景，包括警务、交通、城管、环保等领域。

杭州"城市大脑"的建设经历了多个阶段。在早期阶段，"城市大脑"主要关注交通领域，通过大数据和人工智能技术优化交通流量，缓解城市交通拥堵问题。此后，"城市大脑"不断拓展应用场景，逐渐涵盖了警务、文旅、健康等多个领域。目前，杭州"城市大脑"已经实现了全市各领域数据的融合和共享，为各行业提供了更加全面和准确的数据支持。

杭州"城市大脑"的建设成果显著。在交通领域，"城市大脑"通过优化交通流量，有效缓解了城市交通拥堵问题。据统计，2016年以来，杭州市的交通拥堵指数下降了30%以上。在警务领域，"城市大脑"通过智能化的监控和预警系统，有效提高了警务效率，降低了犯罪率。在文旅领域，"城市大脑"通过数据分析和人工智能技术，为游客提供了更加便捷和高效的旅游服务。在健康领域，"城市大脑"通过智能化的健康监测和管理系统，为市民提供了更加及时和准确的健康服务。

杭州"城市大脑"的建设通过大数据和人工智能技术改善了城市交通状况，推动了城市治理现代化。未来，杭州"城市大脑"将继续拓展应用场景，为城市发展提供更加全面和准确的数据支持。

2.2.2 浙江省市场监管大脑剖析

市场监管大脑是浙江省市场监督管理局针对市场主体、网络交易、食品安全等监管过程中的痛点问题，通过创新集成算力、数据、智能模块等要素资源，构建的大脑架构和话语体系，形成了监测分析、预测预警、战略目标管理、应急处置等支撑，实现了以算力换人力，以智能增效能。市场监管大脑入选2022浙江省数字化改革"最强大脑"。

市场监管大脑围绕商事改革、知识产权、质量发展、食品安全、公平竞争、市场消费、执法办案、特种设备等核心业务，建设覆盖了十大业务领域的大脑要素矩阵，涵盖了规则581项、公式504项、算法146种、模型349个、知识12853项、案例6579个、数据498亿条、工具97个。开发了"风险预警、触网熔断、评价预报、智能领航、动态指数、全景画像、分析研判、决策赋能"等8类50个大脑产品，实现了市场主体管理模型智控、平台经济监管算法制胜和食品安全监管系统的重塑。

打造市场监管大脑多维集成工作台。统一市场监管领域大脑体系架构和话语体系，明确市场监管大脑要素矩阵和思维逻辑，梳理并建设全领域统一的数据、知识、案例、规则、公式、算法、工具、模型等多维集成中心，提供必要的要素间关联工具，反映一定的逻辑关系，以统一的知识图谱体系引领核心业务和应用场景，打造智能化产品模块，形成对市场监管各领域的业务支撑能力中心。

构建"以网管网"治理体系，提升监管效能。其主要包括快速构建各类风险评估场景的专家模型，辅助分析和定位问题、资源自动配置、故障监控告警与协同智能化。通过打通商品信息、舆情信息等数据，从内部履职、外部共享、企业报送等多个途径归集涉企数据，以市场监管大脑多维集成工作台为支撑，构建"市场准入主体智能分析"和"企业信用风险识别"智能单元、"以网管网"治理体系，实现从事后处置到事前预警的转变，形成发现风险线索、交办处置、督导整改、上报总局派发处置等闭环。

推动核心业务和应用场景，重塑食品安全监管方式。为解决普通中小学食堂、集体配餐单位、中央厨房以及大型以上餐饮酒店人员就餐安全，融合数据平台、阳光厨房、物联感知、智能抓拍，通过大数据分析、云计算等实现食材采购、储存、加工、管理等社会协调治理。构建"食安准入电子识别"智能单元食品安全风险触网熔断，实现风险预警；构建"食品生产风险预警"智能诊疗单元，给食品生产企业"做体检、治未病"，出具风险诊断报告，让消费者感受到买卖明白、消费透明、吃得放心。

2.3 建设科研机构治理"数字大脑"的启发

"数字大脑"理论的不断完善、关键技术的不断突破、实践经验的不断丰富以及科技创新探索的不断深化，为科研机构建设"数字大脑"积累了宝贵的经验，并提供了重要的建设依据。科研机构治理数字大脑建设要突出数据挖掘和辅助决策，强化公共数字资源共建共享，深化落实配套支撑保障措施。

（1）突出数据挖掘和辅助决策。在"数字大脑"中，数据挖掘和辅助决策是核心的功能之一。例如，浙江省市场监管大脑通过对市场数据的监测和分析，可以及时发现市场异常波动和潜在风险，为政府制定相应的监管政策和措施提供科学依据。杭州城市大脑则通过对城市交通数据的监测和分析，预测交通拥堵情况，优化交通布局，为政府制定相应的城市规划提供支持。科研机构治理"数字大脑"建设也要突出数据挖掘和辅助决策。一是建立完善的数据采集、存储和管理机制，确保数据的准确性和完整性。同时，对于不同类型的数据，需要制定相应的标准和技术规范，以便进行数据清洗、整合和深度挖掘。二是运用机器学习、人工智能等先进技术，构建高效的数据分析模型。

这些模型可以自动对科研机构的运行状态、市场需求、竞争态势等进行全面分析,并为决策者提供科学依据。三是开发智能决策支持系统,将数据分析结果与决策者的需求相结合,自动生成针对性的决策建议和行动方案。这不仅可以提高决策效率和准确性,还可以降低决策风险。四是建立有效的反馈机制,及时收集和分析决策执行过程中的数据,对决策进行持续优化和调整。

(2)强化公共数字资源共建共享。强化公共数字资源共建共享是提升"数字大脑"建设效益的重要举措。例如,浙江省政府为推进数字政府建设打造了浙江省一体化智能化平台,统筹整合了全省政务数字应用、公共数据和智能组件等百亿级的数字资源,不仅提高了数字资源的利用效率,也避免了重复建设和浪费。科研机构要通过建设统一的数字资源共享平台,提高公共数字资源的使用效率,优化资源配置。一是建立跨部门、跨学科的数字资源共享平台,整合各类数字资源,包括文献资料、实验数据、技术报告等。二是制定数字资源共享标准和规范,推动不同机构之间的数字资源共享和互操作。同时,需要建立相应的管理机制和技术保障措施,确保数字资源的合法使用和知识产权保护。三是鼓励业务部门人员积极参与数字资源共建共享工作,通过奖励机制等激发他们的积极性。同时,加强培训和教育,提高业务部门人员的数字素养和信息能力。四是加强与各领域各行业的合作,推动"数字大脑"研究成果的转化和应用。通过产学研合作模式,共同建设具有特色的数字资源库,促进知识交流和技术创新。

(3)深化落实配套支撑保障措施。配套支撑保障措施是"数字大脑"建设的重要基础和支撑。例如,浙江省围绕打造"平台+大脑"的数字化改革支撑底座,构建了较为完善的政策制度体系、标准规范体系、网络安全体系和基础设施体系。为了确保"数字大脑"的高效运行和持续发展,科研机构需要深化落实配套支撑保障措施。一要深化政策制度体系建设。制定一系列科学合理、规范有效的政策和制度,以保障科研机构在建设"数字大脑"过程中的高效协同和资源投入。二要深化标准规范体系建设。制定统一性、可操作性、可持续性的标准和技术规范,以保障数字资源的共建共享和优化配置。三要深化基础设施体系建设。建设高效、稳定、安全的基础设施,以保障"数字大脑"的高效运行和持续发展。四要深化网络安全体系建设。建立全面性、多元性、预防性的安全保障体系,以保障"数字大脑"的安全性和可靠性。

第三章　科技治理创新
对科研机构治理提出的新要求

　　党的十八大以来，以习近平同志为核心的党中央高瞻远瞩、举旗定向，把科技创新摆在国家发展全局的核心位置，完成了科技创新驱动发展战略的顶层设计和系统谋划，围绕科技治理创新制定了一系列奠基之举、长远之策，推动我国向着建设世界科技强国的战略目标稳步迈进。

3.1 科技治理创新的内涵与必要性

　　科技治理创新是当代科技发展的必然要求，也是科研机构提升治理效能的关键所在。随着知识经济的快速崛起和全球化竞争的日益加剧，科技创新已成为推动国家经济增长、提升国际竞争力的核心动力。科研机构作为科技创新的主体，其治理模式和治理效率直接影响着科技创新的成效。然而，传统的科研机构治理模式往往存在着层级结构僵化、决策机制缓慢、资源配置不合理等问题，难以适应快速变化的科技创新环境。因此，科技治理创新成为科研机构提升治理效能、促进科技创新的重要途径。

　　科技治理创新的内涵十分丰富，它要求科研机构在治理理念、治理结构和治理机制等方面进行全面创新。治理理念的创新是科技治理创新的核心，它要求科研机构从传统的以行政为主导的治理模式转向以创新为主导的治理模式，强调科技创新的核心地位和创新驱动发展的战略导向。治理结构的创新是科技治理创新的基础，它要求科研机构建立灵活高效的组织结构，打破部门壁垒，促进跨学科、跨领域的协同创新。治理机制的创新则是科技治理创新的保障，它要求科研机构建立科学合理的决策机制、激励机制和监督机制，确保科技创新活动的顺利进行和科技成果的有效转化。

　　科技治理创新的必要性主要体现在以下几个方面。首先，科技治理创新是适应科技创新环境变化的必然要求。随着科技创新环境的不断变化，科研机构需要不断调整和优化治理模式，以适应新的科技创新需求。其次，科技治理创新是提高科研机构治理效能的重要途径。通过创新治理理念和治理结构，优化治理机制，科研机构可以提高治理效能，更好地发挥科技创新的主体作用。最后，科技治理创新是推动科技创新持续健康发展的关键因素。科技治理创新可以为科技创新提供良好的制度环境和资源保障，推动科技创新活动的持续健康发展。

表 3-1　国家印发的关于科技治理创新方面的重要政策

序号	文件名称	印发部门	印发时间
1	《关于进一步加强青年科技人才培养和使用的若干措施》	中共中央办公厅、国务院办公厅	2023 年
2	《关于进一步加强统筹国家科技计划项目立项管理工作的通知》	科技部办公厅等三部门	2022 年
3	《关于开展科技人才评价改革试点的工作方案》	科技部、教育部等八部门	2022 年

序号	文件名称	印发部门	印发时间
4	《要素市场化配置综合改革试点总体方案》	国务院办公厅	2021 年
5	《国务院办公厅关于完善科技成果评价机制的指导意见》	国务院办公厅	2021 年
6	《科技部、财政部、教育部、中科院关于持续开展减轻科研人员负担 激发创新活力专项行动的通知》	科技部、财政部、教育部、中科院	2020 年

3.2 科研机构治理创新的实践与探索

科技治理创新为科研机构治理提供了新的思路和方法，科研机构作为科技创新的主体，要认真学习习近平总书记关于科技创新重要论述以及各级政府关于科技创新的重要政策，以强化有组织科研、加强人才队伍建设、提升科研创新效率、完善考核评价机制、构建开放协同机制、深化科技成果转化、加强科研文化建设等作为重要切入点，大力推进科研机构科技治理创新的实践与探索。

（1）强化有组织科研。一是推行矩阵化管理。形成特色科研人才能力标签，通过科研能力模块化，推行协同创新的矩阵化管理，实现资源的合理分配和高效利用，支撑重大科研任务的实施。二是强化重大任务牵引。以重大任务为导向，设立重大科研项目，吸引和整合优势科研力量，开展联合攻关，推动重大科技成果产出。三是实施项目负责制。明确项目负责人的职责和权利，由其牵头组织科研团队、制订项目计划、协调资源分配、监督项目进展和解决关键问题。同时建立相应的考核和激励机制，确保项目负责制的有效实施。

（2）加强人才队伍建设。一是实施人才引进计划。用足用好国家和地方的人才引进政策，吸引海内外高层次人才从事科技创新研究。二是培养青年科技人才。通过实施青年科技人才培养计划，选拔和培养一批有潜力的青年科技人才，加强后备力量建设。三是建设人才梯队。鼓励与高校、企业等合作，构建多层次、多领域的人才培养体系，培养一批高素质、高水平的科技创新人才队伍。

（3）提升科研创新效率。一是提供科研工具与资源。包括实验设备、数据分析软件、文献检索工具等，帮助科研人员更快地完成实验和分析任务，减少在工具和资源上时间和精力的浪费。二是建立科研交流与合作平台。科研人员可以分享研究成果、交流学术观点、探讨合作机会，从而拓展学术社交圈，获取更多的研究机会，减少重复研究，提高研究效率。三是优化组织管理。简化管理流程、减少不必要的会议和文件汇报等，让科研人员能够更加专注于科研工作。

（4）完善考核评价机制。一是建立分类评价机制。根据科研活动的不同类型和领域，采用长短周期相结合、定性定量相结合的评价方式，建立分类评价机制，突出创新质量和贡献导向。二是加强学术评价。完善学术评价体系，推进"破四唯"和"立新标"并举，注重学术原创性和实际应用价值，避免唯论文、唯奖项等的片面评价方法。三是引入第三方评价。鼓励第三方机构参与科研项目评审和验收，提高评价的公正性和客观性。

（5）构建开放协同机制。一是加强部门协同。推动与政府部门、高校、企业等之间的协同合作，形成全社会共同参与科技创新的良好局面。二是促进产学研合作。推动产学研深度融合，加强产业界与学术界、科技界之间的互动合作，促进科技成果转化和应用推广。三是加强国际合作。积极参与国际科技合作，与世界各国开展广泛而深入的科技交流与合作,共享科技创新资源。

(6)深化科技成果转化。一是完善科技成果转化政策。制定更加灵活务实的科技成果转化政策,鼓励科研机构和企业加强合作,促进科技成果的转化和应用。二是加强技术转移机构建设。支持技术转移机构发展,推动科技成果与市场需求有效对接,提高科技成果转化成功率。三是加强知识产权保护。加大知识产权保护力度,建立健全知识产权保护体系,为科技成果转化提供有力保障。

(7)加强科研文化建设。一是弘扬科学精神。倡导科学精神,鼓励追求真理、严谨求实、开放包容的学术风气,营造良好的科研文化氛围。二是加强学术道德建设。制定严格的学术道德规范,加强学术道德教育和管理,引导科研人员树立正确的价值观和道德观。三是推动学术交流与合作。积极组织学术交流活动,鼓励科研人员参加国内外学术会议和研讨会,拓宽学术视野,增进国际合作。

3.3 建设科研机构治理"数字大脑"

科研机构治理创新的实践与探索为科研机构治理"数字大脑"建设提供了根本方向。科研机构治理"数字大脑"建设,要围绕促进科研机构决策精准化、管理高效化以及服务个性化,推动科研机构向更高水平发展。

3.3.1 决策精准化

决策精准化是"数字大脑"赋能科研机构治理的重要体现之一。在传统的决策过程中,科研机构往往依赖于有限的数据和人工经验进行判断,这种方式容易受到主观因素和数据局限性的影响。而"数字大脑"通过集成大数据技术和人工智能算法，对海量数据进行深度挖掘和分析，为科研机构提供全面、客观、精准的决策支持。

具体来说，"数字大脑"可以通过数据收集、清洗、整合和转换等步骤，将分散在各个部门和系统中的数据进行整合，形成统一的数据仓库。然后，利用数据挖掘和机器学习等技术，对数据进行趋势分析、模式识别、关联规则挖掘等操作，发现数据中的隐藏规律和有价值信息。最后，通过可视化技术和智能报告等方式，将分析结果呈现给决策者，帮助他们做出更加精准、科学的决策。

例如，在科研项目立项阶段，"数字大脑"可以对历史项目的数据进行分析，评估不同研究方向的成功率和预期成果，为科研机构提供立项建议和资金分配方案。在项目实施过程中，"数字大脑"还可以实时监测项目进展和数据变化，及时发现潜在问题和风险，为项目调整和优化提供决策支持。

3.3.2 管理高效化

管理高效化是"数字大脑"提升科研机构管理水平的另一个重要方面。科研机构通常面临着复杂的内部管理流程和烦琐的行政事务，这些工作会消耗大量的人力和时间成本。"数字大脑"通过引入云计算和人工智能等技术，可以实现管理流程的自动化和智能化，提高管理效率和质量。

具体来说，"数字大脑"可以通过云计算平台实现资源的集中管理和动态分配，提高资源的利用效率和响应速度。同时，利用人工智能技术，"数字大脑"可以对管理流程进行优化和重构，实现流程的自动化和智能化。

例如，通过智能排班系统对实验室的使用时间进行自动规划和分配，避免资源冲突和浪费；通过智能报销系统对科研经费的使用进行自动审核和报销，减少人工干预，降低错误率。此外，"数字大脑"还可以为科研机构提供智能化的管理工具和应用平台。这些工具可以涵盖科研项目的全生命周期管理、实验室设备的智能监控和维护、科研成果的自动统计和分析等方面，为科研机构提供全方位、高效化的管理支持。

3.3.3. 服务个性化

服务个性化是"数字大脑"提升科研机构服务水平的重要手段之一。科研机构的服务对象通常具有多样化和个性化的需求，传统的服务模式往往难以满足这些需求。数字大脑通过引入大数据和人工智能等技术，可以对用户的需求进行深度挖掘和分析，为他们提供更加个性化、精准化的服务。

具体来说，"数字大脑"可以通过用户画像和行为分析等技术，对用户的兴趣、偏好、需求等信息进行收集和整理。然后，利用推荐算法和智能匹配等技术，为用户推荐相关的科研项目、论文资料、专家团队等资源和服务。此外，"数字大脑"还可以为用户提供定制化的科研咨询和解决方案，帮助他们解决在科研过程中遇到的问题和困难。

例如，在科研成果转化方面，"数字大脑"可以根据用户的产业背景和技术需求，为他们匹配合适的科技成果和合作方案。在学术交流方面，"数字大脑"可以为用户推荐相关的学术会议、研讨会等活动，促进不同学科之间的交流和合作。通过提供个性化的服务，"数字大脑"可以帮助科研机构更好地满足用户的需求，提升用户的满意度和忠诚度。

第四章　科研机构治理
"数字大脑"的定义内涵和定位

　　党的十八大以来，以习近平同志为核心的党中央准确把握全球数字化、网络化、智能化发展趋势，围绕实施网络强国战略、大数据战略等做出了一系列重大部署。科研机构治理"数字大脑"是科研机构层面贯彻落实习近平总书记重要指示精神的具体行动。科研机构治理"数字大脑"利用大数据和人工智能技术，对科研机构的各项决策进行模拟和优化，提供定制化的数据驱动决策支持和优化方案，帮助科研机构提高决策效率和准确性，优化资源配置和创新研发过程，提高核心竞争力和创新能力。

4.1 科研机构治理"数字大脑"的建设意义

　　相比高校、政府等其他类型的单位，科研机构具有以下不同特征。

　　（1）科研导向。科研机构以科学研究为主要任务，致力于探索和解决科学问题，推动科技进步和创新发展。相比其他单位，科研机构更加注重科研工作的质量和创新性，注重研究成果的学术价值和影响力。

（2）专业化程度高。科研机构通常专注于某一特定领域或专业领域，具备高度的专业知识和技术能力，拥有专业化的研究团队和设施。相比其他单位，科研机构的专业化程度更高，能够为特定领域的研究提供专业的支持和指导。

（3）创新性强。科研机构以探索和创新为主要任务，致力于推动科技进步、创新发展，具有强烈的创新性和探索性。相比其他单位，科研机构更加注重原创性、前瞻性和引领性的研究，追求在特定领域内取得突破性的成果。

（4）跨学科合作。科研机构的研究领域通常涉及多个学科，需要跨学科的协作和合作。相比其他单位，科研机构更加注重跨学科的交流与合作，促进不同学科之间的合作和知识共享。

（5）服务社会。科研机构的成果通常可以转化为社会价值，为社会提供公共服务和技术支持。相比其他单位，科研机构更加注重将研究成果转化为实际应用和社会效益，推动科技创新和社会进步。

（6）独立性和自主性。相比其他单位，科研机构通常具有相对较高的独立性和自主性，能够独立开展研究、开发和创新活动，具有一定的决策自由和资源支配权。

综上所述，科研机构以科学研究为主要任务，具有专业化程度高、创新性强、跨学科合作、服务社会以及独立性和自主性等特征。这些特点使得科研机构在数字化转型中更加注重数据驱动的决策、优化资源配置、提升创新能力、跨部门协作等方面的建设，以更好地适应时代发展的需要，提升自身的核心竞争力和创新能力。

建设"数字大脑"对科研机构具有重要意义。它可以帮助科研机构提高决策效率和准确性、优化科研资源配置、提升研究创新能力、加强内部协作与沟通、拓展对外合作与交流、促进知识传承与共享以及提高服务质量。这些都将有助于提升科研机构的竞争力、创新能力和服务水平，使之更好地适应时代发展的需要。因此，科研机构应该积极推进数字化转型，建设适应自身发展需求的"数字大脑"。

（1）提升决策效率和准确性。科研机构在研究、开发、管理等方面需要进行大量的决策，而决策的效率和准确性对于科研机构的竞争力和发展至关重要。"数字大脑"通过数据分析和人工智能技术，可以快速准确地提供决策支持，帮助科研机构在竞争激烈的市场中做出明智的决策。例如，通过对大量科研数据的挖掘和分析，"数字大脑"可以预测研究方向的未来趋势，为科研机构的战略规划和项目选择提供科学依据。

（2）优化科研资源配置。科研机构拥有各种资源，如人才、设备、资金、数据等，如何合理配置这些资源是科研机构管理的关键。数字大脑可以实时监控各项资源的状态和使用情况，并根据需求进行智能调度和分配，提高资源利用效率和管理水平。例如，"数字大脑"可以根据科研项目的需求，自动匹配和调度设备资源，提高设备使用率和效率。

（3）提升研究创新能力。创新是科研机构的核心竞争力，"数字大脑"可以通过对大量数据的挖掘和分析，发现潜在的研究方向和成果转化机会，为科研机构提供创新思路和解决方案。例如，"数字大脑"可以通过对科研数据的分析，发现新的研究趋势和合作机会，为科研机构提供创新的研究方向和合作伙伴。

（4）加强内部协作与沟通。科研机构各部门之间的协作与沟通对于整体运营效率和创新至关重要。"数字大脑"可以实现内部信息的实时共享和沟通，加强各部门之间的协作与合作，提高整体运营效率。例如，"数字大脑"可以实时共享项目进度、人员分工等信息，促进各部门之间的协同作战和资源共享。

（5）拓展对外合作与交流。科研机构需要与外部合作伙伴进行紧密的合作与交流，以拓展业务范围和资源渠道。例如，"数字大脑"可以与合作伙伴的数据平台进行对接，实现数据共享和交流，促进双方的合作和创新。

（6）促进知识传承与共享。科研机构的知识资产是宝贵的财富，需要得到有效的传承和共享。"数字大脑"可以记录和整理科研机构的知识资产，促进知识的传承和共享，提高组织智商和创新能力。例如，"数字大脑"可以将科研人员的经验和知识进行整理和分享，促进团队之间的知识交流和学习。

（7）提高用户服务质量。科研机构需要为员工提供高质量的服务，以为员工创造良好的工作环境。"数字大脑"可以通过对员工数据进行分析，更好地了解员工需求和偏好，优化服务流程和质量，提高员工满意度。例如，"数字大脑"可以根据用户的需求和反馈，自动调整服务策略和流程，提高用户体验和服务质量。

4.2 科研机构治理"数字大脑"的定义内涵

科研机构治理"数字大脑"是一个集成了云计算、大数据和人工智能等技术，像人类大脑一样具有感知、分析、记忆、学习、决策和演化能力的复杂系统，旨在提升科研机构决策精准化、管理高效化和服务个性化的水平，支撑科研机构科技治理创新。

感知能力让"数字大脑"可以实时获取科研机构的各种信息，包括科研项目进展、科研人员动态、科研设备状态等，确保信息的及时性和准确性。分析能力则使得"数字大脑"可以对这些信息进行深度解析，发现其中的规律和趋势，为科研机构的决策提供科学依据。记忆和学习能力让数字大脑可以不断积累知识和经验，提高自身的智能化水平。通过记忆历史数据和学习新的知识，"数字大脑"可以不断优化自身的算法和模型，提高决策的准确性和效率。决策能力则是"数字大脑"的核心能力之一，它可以根据分析的结果和自身的知识库，为科研机构提供科学、合理的决策建议。最后，演化能力使得"数字大脑"可以适应科研机构不断变化的需求和环境。随着科技的不断进步和科研机构的发展，"数字大脑"可以通过自我演化和升级，不断完善自身的功能和性能，为科研机构的科技治理创新提供持续的支持。

科研机构治理"数字大脑"，不仅可以提升科研机构决策的精准化水平，使得决策更加科学、合理，还可以实现管理的高效化，提高科研机构的运行效率和管理水平；同时，它还可以为科研机构提供个性化服务，满足科研机构多样化需求。

4.3 科研机构治理"数字大脑"的本质特征

相比其他领域的"数字大脑"，科研机构治理"数字大脑"以服务科研高质量发展大局为核心，紧密围绕科研所需、单位所能、员工所盼、未来所向,推进提升工作效率、资源和信息共享能力以及智能化水平。

科研机构治理"数字大脑"是信息化的跃迁。与科研机构信息化相比,科研机构治理"数字大脑"的跃迁主要体现在四个层面:一是核心能力的拓展和升级。科研机构治理"数字大脑"可以收集和整合科研机构运行过程中的各种数据,包括科研、办公、运营等方面的数据,利用大数据、人工智能等技术,对科研机构进行智能化管理和服务,为科研机构信息化提供决策支持和数据支撑。同时,科研机构信息化对科研机构治理"数字大脑"建设也有着很好的促进作用,科研机构信息化可以为"数字大脑"提供更多的数据来源和应用场景,两者相互促进。二是管理模式的拓展和升级。从人工作业向人机协同工作模式的转变:"数字大脑"更加强化对核心业务运行监测评估、预测预警和战略目标管理的支撑能力,更加突出智能化和智慧化,以"算力"换人力、以"智力"提能力,从而推动科研机构管理模式的变革创新。三是关键技术的拓展和升级。从信息技术向数字技术、智能技术的转变:科研机构治理"数字大脑"是建立在人工智能、大数据等新型技术的基础上,突出数据计算分析、知识集成应用、逻辑推理判断等能力建设,更加突出技术引领的特点。四是建设路径的拓展和升级。从数据集成到数据、模型、算法、工具、知识等综合多维集成的转变:强化数据+知识双轮驱动,形成"数字大脑"建设的新路径。

科研机构治理"数字大脑"的出发点和落脚点是促进科研机构高质量发展。科学技术是第一生产力,科研机构是我国科技发展的主要基础所在,科研机构特别是高水平科研机构需要主动适应前沿技术发展,建设科研机构治理"数字大脑",更加重视基于数据、算力、算法的范式应用，推动数学模型、大数据挖掘归纳等方法与科研机构治理的深度融合，激发数据生成要素对科研机构的放大、叠加、倍增作用，实现发展能级的放大。在科技创新自立自强、科研人才队伍建设、高水平科研成果转化、科研体制机制创新建设上加快突破，推动质量变革、效率变革、动力变革，不断促进科研机构全面发展，提升科研机构的竞争效率和水平，对加快推动科研创新发展具有重要的意义和作用，也能支撑推动科研机构党的领导、各领域发展、治理体系和治理能力迈向现代化。

科研机构治理"数字大脑"的根本要求是支撑破解科研机构治理难题。科研机构特别是高能级科创平台要有一流的人才培育方式和治理体系，面向关键问题，以科研机构治理"数字大脑"建设为抓手，探索人机共治、物理社会信息三元空间相融合等方式创新，以智能算法驱动为内核，以多跨协同为突破，充分发挥数据价值，突破科研机构要素流动不畅、资源配置效率不高等制约高质量发展的瓶颈，解决治理过程中面临的复杂问题，更好地满足所覆盖人群的不同需求，从而在治理模式上清除科研机构发展过程中的障碍。

4.4 科研机构治理"数字大脑"的总体定位

科研机构数字化改革的关键在于"数字大脑"的牵引作用，"数字大脑"是构建数字化改革能力体系和动力体系的重中之重，是数字化、智能化转型的核心，是数字化改革牵一发而动全身的平台中枢，是支撑数字化改革的集成运行总平台。

科研机构治理"数字大脑"是数字化、智能化转型的核心。科研机构治理"数字大脑"通过自我分析、决策和学习，构建监测分析评价、预测预警和战略目标管理能力体系，是科研机构数字化、智能化转型的核心。一是自我分析。"数字大脑"通过对感知的信息进行关联融合、分析研判、趋势预测以及因果推断，从而能够从复杂的、多尺度的、信息丰富的海量数据中提取或挖掘出隐藏在背后的有价值的、潜在的关系和趋势。二是自我决策。"数字大脑"通过感知获取信息，以数据和知识驱动科学决策，从而形成人机共治的管理模式。三是自我学习。"数字大脑"通过获取知识、训练模型、逻辑推理等方式，能够从海量大数据和泛在知识库中挖掘出新的信息，产生新的知识，从而实现学习能力提升和知识积累。

科研机构治理"数字大脑"是支撑各系统应用创新的平台中枢。"数字大脑"融合大数据、区块链、人工智能等技术，是各类系统、平台、数据交互融合的中枢。一是数据互通。围绕数据采集、归集、整合、共享、开放、应用等全生命周期构建数据互通能力，不断提升数据质量，实现数据按需归集和高效共享，为科研机构治理体系和治理能力现代化提供扎实的数据支撑。二是业务协同。以数据共享推进业务协同，围绕跨层级、跨部门、跨系统、跨业务和跨地域构建业务协同体系，利用"大脑"打破协作壁垒，不断提升科研机构业务协同水平。三是技术融合。打通技术壁垒，形成新型一体化技术赋能平台，通过开放包容的技术体系支撑灵活的应用建设。

科研机构治理"数字大脑"是数字化改革的集成运行总平台。"数字大脑"将多个不同的工具、业务和组织整合成为协调、整体的系统组合，是数字化改革的集成运行总平台。一是工具集成。通过运用平台化的治理工具，从过去"作坊式"的人力分工组织模式转变为可复用、可迭代的技术组织模式，形成对问题的快速反应能力。二是业务集成。将过去主要围绕人员来组织的分散的、粗放的业务模式集成起来，转变成围绕数据来组织的一体的、精细的业务模式。三是组织集成。社会的组织化本身即是一种实现以人和物为载体的资源集中的平台化成果，而"数字大脑"则实现了以数据为载体的资源集中。基于对数据资源统一治理与使用的平台化，可以进一步提升组织化的效率和效益，大幅度节约科研机构这种大型组织的运行成本。

规划建设篇

科研机构治理"数字大脑"规划建设工作是一项跨层级、跨领域、跨系统、跨部门、跨业务，涉及业务融合、技术融合、数据融合的综合性复杂工程。科研机构治理"数字大脑"规划建设要善于运用系统论方法，注重科学统筹，强化顶层设计、总体布局和系统谋划，从全局的角度对各方面、各层次、各要素统筹规划，要坚持与科研机构业务发展和体制机制创新相衔接，坚持科研机构治理"数字大脑"功能规划建设和制度规范标准制定相结合，突出问题导向和目标导向，科学高效地推进科研机构治理"数字大脑"建设。

本篇围绕架构设计、大脑开发以及保障措施等几方面提出科研机构治理"数字大脑"建设方法论，并在该方法论指导下介绍了之江实验室在科研机构治理"数字大脑"规划建设方面的实践探索。

/////// 第五章 科研机构治理"数字大脑"建设构架 ·

第五章　科研机构
治理"数字大脑"建设构架

5.1 科研机构治理"数字大脑"系统框架

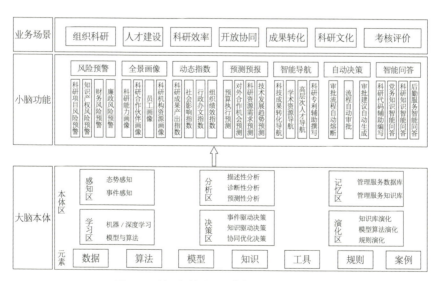

图 5-1　科研机构治理"数字大脑"系统框架

　　参考第一章人类大脑的工作机理和结构，科研机构治理"数字大脑"主要由大脑本体和小脑构成。

　　大脑本体是"数字大脑"的核心部分，相当于人类大脑的思维决策中心。大脑本体的核心功能是实现数据、模型、算法、知识、工具等数字化要素的共建共享，大脑本体是"数字大脑"的核心基座，为小脑建设统筹智能要素并提供智能能力。按照功能划分，大脑本体分为感知区、分析区、记忆区、学习区、决策区和演化区。

　　（1）感知区。感知区负责接收和整合来自外部环境的信息。在科研机构的"数字大脑"中，感知区可以获取来自科研人员、研究数据、实验结果等各方面的信息。该区域的功能类似于人类的感知系统，能够将接收到的信息进行初步的处理和整合，为后续的分析提供基础数据。

　　（2）分析区。分析区负责对感知区传递过来的数据进行深入的分析和理解。该区域利用各种分析工具和方法，对数据进行挖掘、统计等处理，以揭示数据背后的规律、趋势和关联。分析区的目标是提取有意义的信息，为决策提供科学依据。

　　（3）记忆区。记忆区负责存储和管理"数字大脑"中所有的知识和信息。该区域类似于人类的记忆系统，能够将分析区处理过的数据和信息进行存储和组织，以便后续的检索和使用。记忆区还可以根据需要对信息进行分类、归纳和总结，便于其他区域查询和访问。

　　（4）学习区。学习区负责对"数字大脑"中的知识和信息进行自动学习和优化。该区域通过不断的学习和训练，能够提高自身的认知和理解能力。学习区可以利用历史数据和新的信息进行知识推理和归纳，发现新的规律和趋势，并自动更新存储在记忆区中的知识和信息。

　　（5）决策区。决策区根据分析区提供的信息和学习区得到的结论，进行决策和规划。该区域利用人工智能技术，根据设定的目标和方法，自动生成最优的决策方案。决策区还可以对可能的后果进行预测和评估，为科研人员提供参考和建议。

（6）演化区。演化区负责对"数字大脑"的结构和功能进行持续改进和优化。该区域通过不断的演化和发展，能够提高"数字大脑"的适应性和灵活性。演化区可以根据实际需求和反馈信息，对感知区、分析区、记忆区、学习区和决策区的结构和功能进行调整和优化，提升"数字大脑"的整体性能和效果。

小脑在人体中主要负责协调运动和维持身体平衡，在"数字大脑"中，小脑功能则体现在系统的协调性和响应性上。小脑在大脑本体的支撑下，突出数据挖掘和辅助决策，实现具体的智能化功能，赋能组织科研、人才建设、科研效率、开放协同、成果转化、科研文化以及考核评价等业务场景。按照不同功能划分，小脑分为风险预警、全景画像、预测预报、动态指数、智能导航、智能问答和自动决策功能。

（1）风险预警。风险预警功能通过对科研机构内部和外部环境的数据监测和分析，提前发现潜在的风险和问题，为科研机构提供决策支持。例如，在强化有组织科研方面，风险预警模块可以监测和分析科研项目的进展情况，发现可能存在的技术风险、资金风险、人员风险等，及时发出预警，并给出相应的应对建议。帮助科研机构及时采取措施，避免或减少风险带来的损失。

（2）全景画像。全景画像功能通过对科研机构、科研人员、科研项目等各方面的数据进行综合分析，形成全面的数据画像，为科研机构的管理和决策提供支持。例如，在加强人才队伍建设方面，全景画像功能可以分析人才队伍的结构、能力、绩效等数据，建设科研员工画像，为选拔和晋升人才提供科学依据。此外，全景画像功能还可以帮助科研机构了解自身的优势和劣势，为制定战略提供参考。

（3）预测预报。预测预报功能通过对历史数据的学习和挖掘，对未来的趋势进行预测和分析，为科研机构的决策提供数据支持。例如，在构建开放协同机制方面，预测预报模块可以分析历史合作数据和技术趋势，预测未来的合作方向和机会，为科研机构提供决策参考。此外，预测预报模块还可以帮助科研机构了解未来的技术需求和竞争格局，为制定发展策略提供参考。

（4）动态指数。动态指数功能通过对各类数据的动态监测和分析，形成反映科研机构运行状态的指数，帮助科研机构及时了解自身的运行状态和发展趋势。例如，在完善考核评价机制方面，动态指数功能可以根据设定的评价标准和分析方法，对科研人员的绩效进行动态评估，为科研机构的考核和评价提供科学依据。此外，动态指数功能还可以帮助科研机构了解技术趋势和竞争态势，为制定发展策略提供参考。

（5）智能导航。智能导航功能通过对海量数据进行挖掘和分析，为科研人员提供智能化的推荐服务，帮助科研人员快速找到所需的信息和资源。例如，在深化科技成果转化方面，智能导航功能可以根据科研人员的需求和兴趣，推荐相关的科技成果和应用场景，促进科技成果的转化和应用。此外，智能导航模块还可以帮助科研人员查找相关的学术资料实时追踪研究进展情况，从而提高他们的工作效率。

（6）智能问答。智能问答功能基于自然语言处理技术，能够自动回答科研人员的问题，并提供相关的知识和信息，帮助科研人员解决问题并提升他们的工作效率，同时也可以针对科技创新工作中的具体问题和需求提供针对性的解决方案和建议，促进科技创新工作的顺利开展。此外，智能问答功能还可以为科研人员提供相关的学术资料和技术动态以提高他们的工作效率和知识水平。

（7）自动决策。自动决策功能通过对数据的分析和挖掘，自动化地生成决策建议和行动方案，提高科研机构的决策效率和执行力。例如，在加强科研文化建设方面，自动决策模块可以根据数据分析结果和文化氛围评估，自动生成有针对性的文化建设建议和行动方案，推动良好的科研道德和学术风气的形成。此外，自动决策能力可以与业务流程自动化技术相结合，帮助实现流程自动审批，从而大幅提高工作效率、缩短审批周期，减少人为错误和腐败风险。

5.2 科研机构治理"数字大脑"建设原则

统筹规划，协同推进。加强顶层设计，并使之应用创新相结合，运用系统思维，统筹推进科研机构治理"数字大脑"建设。"数字大脑"应按照统一标准、构架与规划，统筹推进，为各部门、各层级、各跑道应用提供统一支撑、统一赋能。

集约建设，共治共享。"数字大脑"建设要突出共建共享，避免碎片化和低水平重复。要强化存量智能要素利用，充分利用已有数据、算力、算法、模型、组件等存量智能要素。要强化增量智能资源沉淀，增量开发智能化模块，将新增的数据、算法、知识、模型等沉淀到"数字大脑"，实现共享。

标准规范，开放兼容。坚持标准引领，科研机构治理"数字大脑"应制定统一的集成标准、数据标准、接口标准以及视觉标准，以标准化促进数据资源深度融合、业务系统互联互通,确保基于"数字大脑"支撑建设的应用之间是打通的,数据是融合的,体验是一致的。同时在安全可控的前提下,强化平台的开放性和兼容性,按照"系统应接尽接、大脑应统尽统"的原则,形成多方参与、共建共创的生态体系。

精准管理,高效服务。坚持需求导向,强化"数字大脑"建设的针对性和有效性,围绕科研机构数字化改革中的堵点、难点问题,健全"数字大脑"大数据采集、治理、共享开放和分析挖掘的体制机制,综合集成智能化算法、模型、组件、规则等,支撑科研机构治理精准感知、科学分析、智能决策和高效执行。

自主可控,安全可靠。坚持网络安全底线,按照"集中统一管理、按需共享交换、有序开放竞争、安全风险可控"原则完善网络和数据安全管理制度,落实安全主体责任。把握新一代信息技术发展趋势,打造自主可控、安全可靠的数字化建设模式和技术路线。

5.3 科研机构治理"数字大脑"建设方法

5.3.1 全量归集

在"数字大脑"开发中,数据全量归集是一个非常关键的环节。这个阶段的主要目标是确保从各种来源和类型的数据源中收集到全面和准确的数据。对科研机构而言,归集的数据主要分为内部数据和外部数据。其中内部数据有三个主要来源:第一个来源是业务系统的业务数据,如人事系统数据、财务系统数据、科研系统数据等;第二个来源是用户行为数据,可以通过行为埋点、爬虫的方式收集过程数据；第三个来源是物联网数据。外部数据也有三个主要来源：第一个来源是行业和领域"数字大脑"的数据，如科技大脑中关于成果、项目和专家的数据，如城市大脑中关于企业信用、公民身份等方面的数据；第二个来源是互联网数据，主要是与科研机构运行活动相关的一些公开数据，比如最新资讯、技术动态、科技成果等方面的数据；第三个来源是第三方合作数据，主要是科研机构采购或者合作的一些数据，比如论文专利成果、资讯报告、行业分析报告等方面的数据。为了实现这个目标，通常需要设计和实施复杂的数据抽取、转换和加载（ETL）流程，以确保数据的完整性和准确性。同时，对于这个阶段，考虑数据的隐私和安全问题也是非常重要的。

此外，为了实现数据全量归集，还需要对各种数据源进行调研和评估，确定其可用性、可靠性和质量。针对不同的数据源，需要采用不同的数据采集方法和技术，如爬虫技术、API 接口等。同时，还需要对数据的结构和格式进行标准化和规范化，以确保后续的数据分析和管理的一致性和可操作性。

5.3.2 数据清洗

在数据全量归集之后，通常会存在大量的噪声和无关的信息，这些都会对后续的数据分析产生负面影响。因此，数据清洗成为一个必不可少的环节。这个阶段的目标是删除重复、错误或不完整的数据，处理缺失值，消除异常值，以确保数据的准确性和一致性。同时，对于涉及个人隐私的数据，也需要进行脱敏或匿名化处理，以符合相关的隐私法规。

在数据清洗阶段，通常需要基于数据业务清洗规则采用各种数据清洗技术和算法，如去除重复值、填补缺失值、异常值检测和处理等。

同时，也需要对数据进行格式转换、编码转换等操作，以确保数据的可读性和可操作性。此外，还需要设计数据质量的关键指标，对数据进行校验和验证，并建立数据质量监测长效手段，以确保数据的准确性和完整性。

5.3.3 多维集成

多维集成的主要目的是利用算法将数据进行多维度的整合和关联从而形成模型。这包括将不同来源的数据进行合并，将多个数据集进行连接，或者将数据进行转换以适应后续的分析需求。通过使用OLAP（联机分析处理）技术、星型模型设计等技术将转换后的数据进行关联和整合，以形成一个多维度的数据视图或数据立方体。同时，还需要对数据进行透视分析和多维分析，以便更好地理解数据的结构和模式。此外，还需要对数据进行聚合、汇总和统计等操作，以便更好地挖掘数据的价值和发现其中的规律。例如，将员工信息、行为数据和成果信息等多方面的数据进行整合，以便更好地理解员工的研究方向和行为习惯并有针对性地提供主动服务。这个阶段通常需要使用数据仓库等数据存储和管理技术来实现。

在多维集成阶段，需要将规范、制度和案例等不同来源、不同格式的知识进行整合、处理和应用，建立知识库、知识地图和知识搜索引擎等工具，便于员工查找和使用知识，从而实现知识的共享、重用和创新。同时基于知识驱动形成各种规则和公式，通过数据挖掘、机器学习等算法技术来实现具体功能。例如，利用决策树、神经网络等算法，从历史数据中学习并发现隐藏的模式和规律，从而提供更加准确和智能的分析结果。

5.3.4 图谱关联

图谱关联是利用图谱模型和算法将数据中的各个实体和概念相互关联起来。这可以帮助人们更好地理解数据中的关系和模式。例如,可以通过识别实体之间的相似性、相关性、因果关系等来构建知识图谱,从而帮助人们进行更深入的数据分析和更准确的预测。这个阶段通常需要使用图数据库、图计算等专门的技术来实现。

在图谱关联阶段,通常需要使用各种图谱模型和算法来识别实体之间的关联和关系。例如,可以使用基于文本的相似度匹配算法来识别文章之间的相似性;可以使用基于网络的聚类算法来识别社交网络中的群体;可以使用基于因果关系的推断算法来识别变量之间的因果关系;等等。同时,还需要使用各种图数据库和图计算技术来存储和管理图谱数据,以便人们进行高效查询和计算。

5.3.5 模块开发

模块开发阶段,主要利用前面几个阶段的结果,开发出具有实际应用价值的智能模块,用于解决实际问题。在模块开发阶段,通常需要根据实际需求,通过模型调用、模块嵌入、应用贯通等方式,设计并实现高效、可靠、可扩展的智能模块或系统功能,利用这些智能模块可以解决实际问题。

在模块开发阶段,通常需要进行大量的实验和验证,以确保所开发的智能模块的准确性和可靠性。同时,还需要考虑所开发的智能模块或系统功能的可维护性、可扩展性、可用性和安全性等问题。此外,为了使所开发的智能模块更好地适应实际应用场景,还需要进行精细的参数调整和优化。

5.3.6 成果应用

成果应用阶段，将所开发的智能模块应用到实际场景中，聚焦工作目标，解决特定的问题或提供特定的服务。这需要将智能模块集成到现有的系统中，或者开发新的应用或服务。在这个阶段，需要考虑能力的可扩展性、可用性和安全性等问题。同时还需要对所开发的应用或服务进行测试和验证，以确保其能够满足实际需求。

在成果应用阶段，通常需要进行密切的监控和维护，以确保所开发的智能模块的稳定性和可靠性。同时还需要根据用户反馈和实际效果进行持续的优化和改进，以不断提高服务的质量和效率。此外，还需要开展广泛的使用推广和用户教育活动，以扩大所开发智能模块的应用范围和影响力。

"数字大脑"建设思维逻辑如图 5-2 所示。

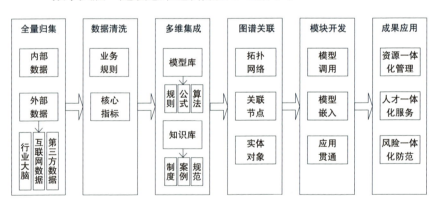

图 5-2 "数字大脑"建设思维逻辑图

5.4 科研机构治理"数字大脑"建设要点

科研机构治理"数字大脑"建设主要包括大脑本体建设、小脑功能建设、支撑保障措施建设和运营运维管理体系建设。

大脑本体建设通过开发数据、模型、算法、知识、工具等智能化元素，支撑小脑功能实现。其主要包括感知区建设、分析区建设、记忆区建设、学习区建设、决策区建设、演化区建设等内容。

小脑功能建设通过开发智能化模块，支撑具体业务开展。其主要包括风险预警、全景画像、预测预报、动态指数、智能导航、智能问答、自动决策等功能开发。

"数字大脑"支撑保障措施建设通过完善融通政策制度、标准规范、组织保障和网络安全等关键要素，健全配套保障机制，确保"数字大脑"建设稳定有序推进。其主要包括政策制度体系建设、标准规范体系建设、组织保障体系建设、网络安全体系建设、基础设施体系建设等。

数字大脑运营运维体系建设通过构建一套完善的系统运营和运维机制，确保数字大脑建成后能够稳定地发挥其最大的价值。其主要包括运营体系建设和运维体系建设。

科研机构治理"数字大脑"建设要点如图5-3所示。

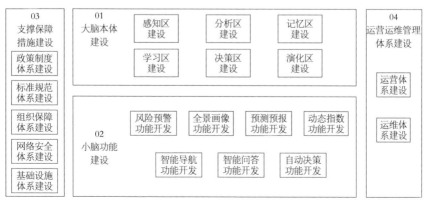

图5-3　科研机构治理"数字大脑"建设要点

第六章 科研机构 治理"数字大脑"的本体建设

6.1 建设目标与建设内容

6.1.1 建设目标

科研机构治理"数字大脑"本体（以下简称"大脑本体"）建设的目标是为小脑群统筹智能要素和提供智能能力。

大脑本体建议遵循一体化、集约化设计，采用类似中台的理念进行建设。所谓中台，是指将系统的通用化能力进行打包整合，通过接口的形式赋能前台应用系统，实现业务能力复用和不同业务板块能力的联通和融合，从而达到快速支持业务发展的目的。中台本质上是一种建设理念，根据具体内容的不同，会形成不同的中台，例如：业务中台，提供业务复用服务，如统一身份、统一任务、统一消息等；数据中台，提供数据服务，如数据交换、数据开发、数据资产等；AI 中台，提供共享算法服务，如计算机视觉、自然语言处理、语音识别等 AI 能力；技术中台，提供共享技术能力，如各类中间件。大脑本体与这些中台理念类似，提供共享的大脑能力，赋能业务系统的数字化和智能化。

6.1.2 建设内容

从功能看，大脑本体具有感知、分析、记忆、学习、决策、演化等能力。相应的，大脑本体划分有感知区、分析区、记忆区、学习区、决策区、演化区；每个区蕴含数据、知识、案例、规则、算法、模型、工具等智能要素。

数据。数据是根本，大脑本体首先要做的就是归集各类业务系统的数据。在此基础上对数据进行开发和挖掘，形成上层业务需要的数据主题库。该过程一般被称为"数据资产化"。

知识。知识是积累的业务知识，如行业政策、制度规范、标准指南、理论研究、行业报告等。

案例。案例，严格意义上也算是知识的一种，单独列出来是因为案例是辅助决策的重要参考。案例往往带有专家的判断，是一种高层的知识。

规则。规则是一组组逻辑判断，往往带有业务知识。

算法。算法提供数据处理与分析能力，常见的算法有数据预处理类、统计分析类、文字识别类、人脸／人体识别类、语音技术类、图像技术类、语言与知识类等。

模型。模型围绕业务属性和业务问题形成，一般来说比普通的规则或算法复杂些。

工具。工具是指处理数据、算法、模型等元素的功能集合。常见的工具有数据采集工具、数据分析工具、数据挖掘工具、图像分析工具、大数据模型训练工具等。

建设完六个区，汇聚了智能要素后，大脑本体的成效主要表现为智能化程度、智能组件共享利用率等。

智能化程度：衡量一个大脑本体建设的成效，首先关注的是其智能化程度。通常，把系统分为信息化、数字化、智能化三个层次。信息化是指将线下业务线上化，由信息系统来承载业务流程。数字化强调数据的互通共享，数字赋能业务流程。智能化是更高阶的形态，重在数据、知识驱动，能在业务流程中实现智能决策。

智能组件共享利用率：大脑本体是以类似中台的理念进行建设的，而中台的一大特色就是共享复用。因此，大脑本体智能组件的共享利用率是非常重要的成效评估指标。

6.2 感知区建设

6.2.1 感知能力建设

大脑本体首先需要能感知各种类型的信息，包括文本、音频、图片、视频以及各类物联信息，涉及各类信息的采集、存储、传输、处理等，实现全域感知。

除了常见的信息系统记录文本、麦克风采集音频、摄像头采集图像和视频外，还有一些基础感知能力需要建设。

1. 条码识别感知

条码识别是非常常见的一种感知技术，在各类商品包装上广泛存在。条码（barcode），或者称条形码，是一组黑白相间的平行线条，长度相同，宽窄不同。识别条码时，条码阅读器扫描条码后会得到一组反射光信号，其经过光电转换后成为一组与条（黑条）和空（白条）相对应的电信号，根据相应的编码规则，电信号可转换成对应的数字和字符信息，实现内容识别。由于条码可以记录日期、生产商、名称、类别等信息，在商品流通、图书管理、邮政管理、银行系统等许多领域得到广泛应用。在科研机构，条码还可以用于人事档案、财务单据、合同编号的记录识别。

不过，由于历史等原因，条码的编码规则（码制）非常多，常见的有以下几种。

EAN 码。EAN 码是国际物品编码协会制定的一种商品条码，有标准版（EAN-13）和缩短版（EAN-8）两种，我国的通用商品条码与其等效。

UPC 码。UPC 码是美国统一代码委员会制定的一种商品条码，有标准版（UPC-A）和缩短版（UPC-E）两种，主要用于美国和加拿大地区。

Code39 码。Code39 码是一种可表示数字、字母等信息的条码。

Code128 码。Code128 码是一种可表示数字、字母、符号等信息的条码。

还有许多其他类型的条码，如 Codabar 码、Matrix 25 码、中国邮政编码、ISBN 码、ISSN 码等。

大脑本体在建构条码识别感知能力的时候，需要注意码制的兼容性。在创建条码时，也需充分考虑码制的选择。

2. 二维码识别感知

上文提及的条码是一维码，承载的信息容量有限，很多情况下只能对物体进行简单的展示，不能对物品进行详细描述，于是发展出了二维码。

二维码将信息存储在由水平方向和垂直方向组成的二维空间中，其密度是一维码的几十到几百倍，而且具有耐磨、纠错等特点。

二维码同样有很多码制，如 QR 码、Data Matrix 码、PDF417 码、MaxiCode 码、Aztec 码等，目前使用最广泛的是 QR 码。

QR 码（Quick Response Code）是一种矩阵式二维码，具有超高速、全方位识读等特点，能够有效表示中国汉字、日本文字和各种符号、字母、数字等。QR 码的左上、左下、右上三个角是三个位置探测 / 定位图形，可以帮助识读设备定位码的位置、大小、倾斜角度，实现全方位识读。QR 码中间每隔一定间隔设置了校正图形，修正距离实现抗弯曲。QR 码具有 L（约 7% 可修正）、M（约 15% 可修正）、Q（约 25% 可修正）、H（约 30% 可修正）四个等级的纠错功能，在二维矩阵的码字模块中，除了数据码字，还有纠错码字，这样即使二维码破损也能够正确识读。

在科研机构，二维码可以用于身份认证、会议签到、文件分享、餐厅消费等诸多领域。

大脑本体在构建二维码识别感知能力的时候，除 QR 码外，建议尽量对其他码制有所兼容。此外，有时需要识读远处的二维码，为确保画面清晰，大脑本体要具有调动摄像头变焦的能力。

3.RFID 识别感知

虽然条码和二维码使用成本低廉、用途广泛，其仍然存在一些不足，例如，一次只能读取一个标签信息、条码识读需要光照、条码信息不可更新、需要人工读取、移动状态读取有所限制等。在这些场合中，RFID（Radio Frequency Identification）技术更为适用。

一般来说，一个 RFID 系统由读写器、电子标签、中间件和应用层组成。当工作时，RFID 读写器发射能量，在一定区域内形成电磁场。RFID 电子标签处于该区域时，发送或接收相关数据。

根据供电方式，电子标签分为无源标签和有源标签。无源标签内部没有电池，工作时靠读写器提供能量。优点是成本很低，缺点是识别距离比较短。有源标签内部有电池，信号传送距离较远。根据系统工作频率，RFID 系统分为低频、高频、超高频和微波系统。低频系统工作频率为 30K—300kHz，高频系统工作频率为 3M—30MHz，识别距离短（1 米以内）的场景，使用无源标签。低频系统用于畜牧业动物识别，高频系统被做成常见的各类卡片（如电子车票、我国的第二代身份证）。超高频和微波系统的工作频率为 300M—5GHz。越是高频越需要有源标签，识别距离通常在 4—7 米。以科研机构资产管理为例，无源标签适合普通的资产标签，如果要实现贵重资产的位移告警，需要用到有源标签。

大脑本体在构建 RFID 识别感知能力的时候，需要合理规划有源 / 无源电子标签的使用场景，并重点关注 RFID 中间件的建设。中间件可以屏蔽不同读写器的硬件差异，统一接口，避免应用适配不同类型的读写器，也解决多对多的维护复杂性问题。

4.NFC 识别感知

NFC（Near Field Communication）由 RFID 技术演进而来，采用了独特的信号衰减技术，提供更高的安全性。一般来说，电磁场中心三个波段以内的区域称为近场，反之为远场。近场中，磁场较强，可用于短距离无线通信，适合电子设备之间点对点数据传输。

与 RFID 相比，NFC 的一个优势是使用模式有三种。

卡模式：该模式下，NFC 设备相当于一张 RFID 电子标签，即使在设备没电的情况下也可被读取数据。

读写器模式：该模式下，NFC 设备相当于读写器，可以从电子标签中读取信息。

P2P 模式：该模式下，两台 NFC 设备可以进行点对点的数据传输。

在科研机构，RFID 用于资产管理，而 NFC 在门禁、移动支付等方面可以得到更好的应用。

大脑本体在构建 NFC 识别感知能力的时候，可重点考虑手机端功能的充分利用。当前有很多手机集成了 NFC 芯片，大脑本体可以充分利用 NFC 与蓝牙的互补性，使用 NFC 技术引导两台设备之间的蓝牙配对，然后通过蓝牙进行更高速的数据传输，以强化端侧智能。

5. 语音识别感知

语音识别将人类语音转化为计算机可以理解的数据，是大脑本体的重要感知能力。

传统的语音识别系统分为两个部分：声学模型和语言模型。音频信号经过预处理和特征提取后，声学模型负责将提取的特征序列转化为音素序列，再根据音素与词的对应关系，转化出词序列。但由于同音词的存在，需要语言模型对词序列进行概率计算，输出概率最大的词序列，即语音识别的文字结果。

随着深度学习的广泛应用，也有基于深度学习的端到端的模型用于语音识别。不同于原有的声学模型、语言模型、发音词典等，端到端的模型省略了中间的步骤，使训练和识别更为方便。

构建大脑本体语音识别能力有两种路径。一种路径是集成语音识别厂商的云服务。科大讯飞、百度、思必驰等公司都提供稳定的云服务接口，可以用大脑本体的 API 网关集成鉴权与转发，实现统一调用。缺点是所有的语音数据要上共有云，即使可以私有化部署，成本也很高。还有一种路径就是采用开源方案进行本地部署，如集成 OpenAI 公司发布的 Whisper。该模型在英语语音识别方面已经接近人类水平，在处理口音、背景噪声和技术语言等复杂场景时表现出很好的鲁棒性，不过该系统在中文语音识别方面的能力暂时还不是很强。

6. 人脸识别感知

人脸识别在目前已有大量的应用，很多科研机构实现了"一脸通"，在身份识别、门禁通行、消费管理、安全监控、信息查询等方面均使用人脸识别。

人脸识别具有三大子任务：人脸检测（face detection）、人脸对齐（face alignment）和人脸表征（face representation）。对于视频/图像，首先检测人脸是否存在，找到人脸的位置(坐标)。之后进行人脸对齐，将人脸校准到一个规范的视角，将人脸图像裁剪到一个标准化像素大小。人脸表征即提取人脸的特征。在人脸库中存储着所有人脸图像的特征，将待识别的视频/图像中的人脸特征与人脸库中的特征进行对比，如果二者特征非常接近，则二者是同一人的可能性比较大。

类似语音识别，构建大脑本体人脸识别能力，也有两种路径。一种路径是集成人脸识别厂商的云服务，如百度的云服务接口，用大脑本体的 API 网关集成鉴权与转发，实现统一调用。还有一种路径是集成虹软的 ArcFace 离线人脸识别 SDK，支持人脸检测、人脸对比、人证比对、人脸跟踪等功能。其他一些开源人脸识别算法、OpenCV 库等，也可以适当考虑。

除了人脸识别，还有一系列生物识别的技术，如指纹识别、掌纹识别、虹膜识别、静脉识别等。

6.2.2 感知数据处理

除了上文常见的感知能力，还可以将各类传感器数据采集上来，如温湿度传感器、压力传感器、烟雾或气体传感器、能耗计量表具、超声波传感器、雨量计传感器等。

大脑本体感知各种类型的数据（文本、音频、图片、视频以及各类物联信息等）后，需要进行全量归集、数据清洗、多维集成。

1. 全量归集

所谓全量归集，指的是一种对数据进行整合、归纳、收集的手段，具体是指既要对各类数据实现完备收集，又要将其妥善地归纳与整合到统一的环境里，从而做到数据收集与归纳的"不留余量、应归尽归"。

推动全量归集有利于打破信息孤岛，促进数据共享，确保数据及时、完整传递。推动全量归集可以打破各个部门之间存在的"数据壁垒"，通过细化和规范归集数据的相关要求，提高数据的汇聚和辐射能力，强化数据溯源，提升归集数据质量，让数据资源变成有质量、有标准的数据资产，实现数据可信共享。

推动全量归集有利于提升"数字大脑"的各项能力，"数字大脑"的核心在于数据，没有数据，"数字大脑"就无法运行。推动全量归集，使"数字大脑"能够拥有各类数据，随时使用各类数据，构建数据生态系统，让其更好地提供更加有效的决策指导，把数据服务变成价值创新，进而为构建全域感知、全局洞察、精准决策的智慧大脑提供高质量的基础支撑。

对科研机构而言，内部的数据有三个主要来源。第一个来源是业务系统的业务数据，如人事系统数据、财务系统数据、科研系统数据等。第二个来源是用户行为数据，可以通过行为埋点、爬虫的方式收集过程数据。第三个来源是物联网数据。其中，业务系统所提供的数据通常分为结构化数据和非结构化数据。结构化数据主要存储于数据库表中，包含了业务的各种字段信息；而非结构化数据则多保存于对象存储中，包括文档、图片、音频、视频等多种形式。

数据归集的方式有离线和实时两种。离线方式主要采用分布式数据批量同步，可以分全量或增量同步，用于大批量数据周期性迁移，对时效性要求不高。实时方式主要通过增量日志或通知消息触发，通过读取数据库操作日志、接口等进行同步，用于对时效性要求高的应用场景。

在数据归集的过程中，需要特别注意数据的隐私和安全，数据采集和归集需要充分考虑相关的法律法规要求，避免侵犯用户个人隐私。

2. 数据清洗

数据归集后需要通过清洗来提升数据质量。结合业务属性，这一过程通常从数据的完整性、准确性、一致性、可靠性、及时性、合规性六个方面进行全面分析。

数据完整性，指某个业务系统内一条数据的描述内容（多个字段）是否全面、完整。

数据准确性，指数据目前呈现的状态是否准确有效。

数据一致性，指多个业务系统对同一条数据的描述内容是否一致。

数据可靠性，指数据提供链的稳定性和可信度。

数据及时性，指数据产生后是否及时地录入 / 传入业务系统。

数据合规性，指某个业务系统内一条数据的描述内容是否符合规范。

在科研机构的业务系统数据中，经常会出现以下几种数据质量问题。

数据完整性：科研项目、科研成果、人事档案等信息的部分字段存在缺失（字段为空）的情况。

数据一致性：对同一个人员的描述在不同的业务系统里不一致，如身份发生了变化，从实习生到临聘人员到正式员工，不同的身份在不同的业务系统中进行管理，对其描述不一致。当多个系统的数据归集到一起时，就会引发数据冲突。

数据及时性：科研成果（如论文、专利）等发表（获授权）后没有及时录入管理系统。人员离职后，部分与人员绑定的信息（如设备、资产）可能没有及时变更或失效。

数据合规性：有些业务系统的内容填写不符合规范，给归集、统计带来极大的困难。

数据清洗一般有两大工作内容：一是问题数据的补充、调整；二是冗余数据的查重、映射。这是一项烦琐细致的工作，需要在清洗前对数据质量进行全面的分析，制定相应的清洗策略，并选择合适的清洗工具。

在进行数据清洗之前，对归集的数据进行质量分析，形成《数据质量分析报告》。报告通常包含数据的名称、类型、数量、数据质量的不同维度（一致性、完整性、合规性、冗余、及时性、有效性等）、各维度问题数据数量/比例、问题原因分析、问题解决建议等。

由于全量归集数据量很大，可以借助质量分析工具，建立规则模型，自动化找出问题数据，帮助业务系统相关人员对数据进行清洗。当然，自动清洗可能不能解决所有问题，还需要人员手工清洗。数据的清洗情况可以被反馈到业务系统，从而实现业务系统数据质量的同步提升。

数据清洗为大脑分析提供高质量的数据基础。

3. 多维集成

所谓多维集成，是指将相关多维要素彼此集成来实现预定目的。多维集成有利于形成高维思维，以高维意识和站位去分析，看见新东西、产生新思路，拓宽解决问题的渠道。

从技术角度看，多维集成是多源集成、多维建模。多源集成是指归集的数据多源异构，来自不同的系统，具有不同的结构。但数据归集只是第一步，数据按原始的状态堆积在一起，如何将数据转化为资产，需要经过数据开发。数据开发包括离线开发、实时开发。离线开发以加工离线数据为主，实时开发以加工实时流数据为主。常见的，会建立离线数据仓库和实时数据仓库，更进一步可建设数据中台。数据开发的核心内容在于多维建模，遵循维度建模思想，参考数据仓库分层理念，为从更高维度对数据进行分析奠定基础。

6.2.3 数据全量归集

数据全量归集是大脑本体感知的基础环节，对于实现数据驱动的决策和业务优化至关重要。在进行归集之前，需要进行数据源梳理与分析，以确保归集的数据符合业务需求和数据质量要求。数据全量归集的关键步骤和安全保障措施有以下几个方面。

1. 数据源梳理与分析

梳理数据业务逻辑，主要包括以下内容。

确定数据内容：明确所需数据的关键属性、字段和指标。

定义数据格式：涵盖数据结构、数据类型以及编码方式等。确保数据的格式满足后续处理和分析的要求，并与相关系统或应用程序兼容。

确定数据粒度：数据粒度决定了数据的详细程度和聚合层次，可以是原子级别的细粒度数据，也可以是聚合或汇总后的粗粒度数据。

确定时间范围：确定数据的时间粒度和时间戳，以支持时间维度的分析和查询，同时考虑业务需求中的历史数据和实时数据的要求。

验证数据业务逻辑：验证数据的业务逻辑是否准确和完整，确保数据的定义和解释在业务部门和数据团队之间达成一致，避免数据理解上的误差和差异。

文档化数据业务逻辑：将梳理得到的数据业务逻辑进行文档化和记录，编写数据字典、数据需求规格说明等文档，以便后续团队成员和利益相关者理解和使用数据。

调研和分析数据源，了解数据源的结构、格式、可用性和数据质量等。分析数据源的数据结构、数据质量、访问权限和数据规模等。

2. 数据抽取

数据抽取可分为实时抽取和离线抽取，离线抽取又可分为全量抽取和增量抽取。

实时抽取指的是以实时或接近实时的方式从数据源中获取数据。它适用于需要即时反映数据变化的场景，如监控、实时分析等。常用的实时抽取方法包括数据库触发器、消息队列和流数据处理平台等。通过设置触发机制或订阅数据变化的事件，实时抽取源数据，并将其传输到目标系统进行处理和分析。

全量抽取指的是从数据源中完整获取所有数据。它适用于初始数据加载或需要完整数据副本的场景。常见的全量抽取方法涵盖了数据库查询语句、文件传输和 ETL 工具等途径。通过全量抽取，可以一次性地从数据源中获取所有记录，并将其传输到目标系统或存储介质中。

增量抽取指的是从数据源中获取增量更新数据。与全量抽取相比，增量抽取只抽取发生变化的部分，可以减少抽取过程的时间和资源消耗。常见的增量抽取方法包括基于时间戳或版本号的抽取、日志文件监控和变更数据捕获等。通过监控数据源的变化情况，仅抽取发生变化的数据，从而实现数据的增量更新。

（1）根据数据源特点选择合适的抽取方式。

根据数据源的结构和存储方式选择合适的抽取方式：不同类型的数据源（如关系型数据库、文件系统、非结构化数据等）可能需要使用不同的抽取方式和技术，例如，可以使用文件传输抽取文件系统中的数据，使用 SQL 查询抽取关系型数据库中的数据。

根据数据源的更新方式选择合适的抽取方式：如果数据源是定期全量更新，全量抽取可能是更合适的选择，如果数据源是增量更新，则可以采用增量抽取，只抽取发生变化的数据。

根据业务需求和数据变化情况确定抽取策略。当业务要求数据具有较高的实时性时，需要使用实时抽取的方式。如果数据变化频率较低，可以考虑定期进行全量或增量抽取。

（2）实施数据抽取过程。

根据所选的抽取方式和策略，利用便携抽取脚本或专门的抽取工具进行数据抽取。根据所选的抽取方式，编写相应的代码或配置相应的工具，以实现数据抽取。

确保数据的完整性和准确性。在数据抽取过程中，应进行数据校验，验证抽取的数据是否符合预期结果。可以通过比对源数据和目标数据的记录数、字段值等方式进行核对和验证。如果发现数据不完整或不准确，需要进行错误处理和数据修复操作。

进行测试和验证。在测试环境执行数据抽取，以验证抽取逻辑的准确性和性能表现。通过模拟真实环境的数据抽取操作，检查抽取过程是否满足要求，并评估其性能指标，如抽取速度、资源消耗等。

监控和维护。建立监控机制，持续监测数据抽取过程，及时探测并处理异常情况。监控内容涵盖抽取任务的执行状态、数据抽取量、错误记录等。同时，定期对数据抽取逻辑进行维护和优化，以确保数据的准确性和完整性。

3. 数据安全保障

为了控制数据的访问权限，可以采取以下措施。

用户权限管理：划分不同层级的用户权限，限制用户对数据的访问和操作。根据用户的角色和职责，分配适当的权限，从而确保数据的安全性和隐私保护。

数据库角色和权限管理：使用数据库的角色和权限管理功能，为不同角色的用户分配适当的权限，限制对数据表、视图、存储过程等的访问和操作。

访问控制列表（ACL）：根据特定需求，可以设置访问控制列表，明确规定哪些用户或用户组有权访问特定的数据或数据资源。

审计日志：启用数据库的审计功能，记录数据访问和操作的日志，监控用户行为，迅速发现异常或未经授权的访问。

全量归集是数据处理和分析的基础，合理而有效的全量归集过程能够确保数据的准确性、完整性和安全性。通过明确需求、选择合适的数据抽取方法、加强数据安全保障、设置监控和报警机制以及设计容错和故障恢复策略,可以提高全量归集的效率和质量。

6.2.4 数据清洗

数据清洗是数据处理流程中至关重要的环节,它确保了数据的质量和准确性,为后续的分析和应用奠定了基础。

1. 数据质量评估

数据质量评估帮助深入了解原始数据的质量问题,以便明确清洗的重点。下面从数据完整性、准确性、一致性、可靠性、及时性和合规性等六个维度,来探讨数据质量评估的方法和关注点。

(1)数据完整性评估。

检查数据集中是否存在缺失值和空值,以保证数据的完整性。可以统计每个属性 / 字段的缺失值数量和比例,确定缺失值的程度。

对比数据集中的记录数与预期的记录数,评估数据集的完整性。如果存在记录数较少的情况,可能表示数据集的完整性有待提高。

检查数据集中的关键字段是否都有值,确保关键信息不缺失。关键字段是对业务分析和决策至关重要的字段,缺失值可能影响结果的准确性。

(2)数据准确性评估。

通过对数据集中的样本进行抽样调查或对比,验证数据的准确性。这种方法可以与实际情况进行对比,以便确认数据的准确性和真实性。同时,还需要检查数据集中是否存在异常值、错误值或不一致值,并进行必要的数据清洗和纠正。通过对数据的逻辑性和合理性进行检查,可以发现并纠正数据集中的错误或异常情况。

此外,还可以通过与实际情况进行对比分析,以确认数据与真实情况的一致性，这有助于数据在整个过程中保持准确。

（3）数据一致性评估。

评估数据集中不同数据源或数据字段之间的一致性和协调性。通过比较来自不同数据源或数据字段的相同记录，可以检测出数据之间可能存在的一致性问题。

对比数据集中的相关字段是否遵循预定的规范和约束条件。例如，检查日期字段是否都采用相同的格式，检查性别字段是否只包含预定的取值。

检查数据集中的逻辑关系和关联关系是否正确，确保数据之间的一致性和连贯性。

（4）数据可靠性评估。

追溯数据的源头和采集过程，以评估数据的可信度和可靠性。了解数据的采集方式、数据提供者的信誉度和数据提供链的可靠性。

通过数据重复采集和验证，确保数据的可重复使用和验证性。重复采集数据并进行比对，确保数据在不同时间点和环境下的一致性和可靠性。

（5）数据及时性评估。

检查数据的收集和更新频率，与业务需求和数据变化的时间敏感性进行对比，确保数据能够及时反映业务变化和决策需求情况。

确认数据的时间戳及其准确性，以评估数据的时效性，确保数据的时间戳准确无误。

（6）数据合规性评估。

检查数据集是否符合相关法律法规、行业标准以及内部规定的要求。确保全量归集和使用过程中遵守数据保护、隐私保护和安全性相关的法律法规。

确保数据集中的个人隐私信息被妥善保护和处理，遵循数据保密和隐私保护的规定。

进行数据安全和数据保护的审核和检查，确保数据的合法性、安全性和合规性。

根据以上评估标准，可以对原始数据进行评估，识别数据质量问题，并确定数据清洗的重点和优先级。评估结果可用于制定相应的数据清洗规则和处理策略，确保数据的质量和准确性。

2. 数据清洗规则的定义

数据清洗是数据预处理的重要步骤，它包括对数据进行校验、纠正、转换和标准化，以提高数据的质量和可用性。在定义数据清洗规则时，需要考虑以下几个方面。

（1）缺失值处理。

删除缺失值：如果缺失值的比例超过设定的阈值，可以选择删除缺失值所在的记录或属性。

填充缺失值：对于属性中缺失值较少的情况，可以采用适当的方式进行填充。

（2）异常值处理。

删除异常值：根据定义的异常值判断标准，可以选择删除超出范围或不符合业务逻辑的异常值所在的记录。

替换异常值：根据实际情况，将异常值替换为合理的值。

（3）数据格式化和标准化。

日期和时间格式化：将不同格式的日期和时间数据转换为统一的格式，例如将"MM/DD/YYYY"和"YYYY-MM-DD"转换为

"YYYY/MM/DD"

数值格式化：将不同的数值表示方式（如百分数、科学记数法、货币符号）转换为统一的数值表示方式或根据需求对数值进行四舍五入或截断，保留特定的小数位数或整数位数。

文本清洗和标准化：去除文本中的特殊字符、空格、换行符等，并进行统一的大小写转换、词干提取等操作。

单位转换：将不同的单位转换为统一的单位，如长度单位（英寸转换为厘米）、重量单位（磅转换为千克）等，以便进行数据比较和计算。

（4）数据去重

删除重复记录：根据设定的重复记录判断标准，删除完全重复或部分属性相同的重复记录。

（5）数据类型转换

转换数据类型，例如将字符串转换为数值类型等。

根据具体业务需求和数据质量评估结果，定义适用的清洗规则，并按照规则顺序执行清洗操作，以确保数据的完整性、准确性、一致性、可靠性、及时性和合规性。

3. 数据清洗工具和技术选择

在选择数据清洗工具和技术时，可以综合考虑以下几个要素。

清洗需求：明确清洗的目标和需求，确定需要进行哪些清洗操作，例如缺失值处理、异常值处理、数据格式化等。

数据特征：了解数据的规模、结构、类型和存储方式，以及数据的更新频率和数据质量情况。这些因素将影响选择合适的工具和技术。

编程语言和库：如果具备编程能力，可以选择使用编程语言（如 Python、R 等）和相关的数据清洗库（如 Pandas、NumPy 等）来进行数据清洗操作。可以高效地进行常见的数据清洗操作，例如处理缺失值、执行数据转换、实施数据合并等。这些库提供了高效的数据处理算法和函数，能够处理大规模和复杂的数据。

数据清洗软件：市场上有许多专门的数据清洗软件，例如 OpenRefine、Trifacta Wrangler、IBM InfoSphere DataStage 等。这些软件通常提供直观的用户界面和预定义的数据清洗功能，适合非编程背景的用户。

自定义脚本：根据特定的清洗需求，可能需要编写自定义的清洗脚本或程序。这种方式具有灵活性，可以根据具体需求实现特定的数据清洗，尤其适用于一些特殊的数据清洗需求，或者需要进行复杂的数据转换和整合操作的场景。

在选择工具和技术时，还需要考虑其易用性、性能、可扩展性、社区支持和成本等因素。根据具体情况，可以综合考虑多种工具和技术，甚至组合它们以满足特定的数据清洗需求。

4. 清洗结果验证和追溯

清洗结果的验证和追溯是确保数据清洗过程的可靠性和可审计性的重要步骤。下面是一些方法和建议，可用于验证清洗结果并建立追溯机制。

（1）数据验证。

数据对比：将经过清洗的数据与原始数据进行对比，以确保数据清洗操作的正确性。可以使用统计指标、逐行对比或随机抽样等方法进行验证。

数据质量指标：定义数据质量指标，如缺失值比例、异常值数量等，与预期结果进行比较，确保清洗后的数据质量达到预期水平。

业务逻辑验证：针对特定的业务逻辑和规则，验证清洗后的数据是否符合业务需求和规范。

（2）追溯机制。

日志记录：记录数据清洗过程中的操作和结果，包括清洗规则、转换操作、异常处理等信息，确保每一步操作都有相应的日志记录。

版本控制：使用版本控制系统（如 Git）管理清洗过程中的脚本和规则，记录每一次的修改和更新。这样可以追溯和还原清洗过程中的变更。

元数据管理：记录经过清洗的数据的元数据，包括数据的来源、清洗时间以及所使用的清洗规则等信息。这些信息可以帮助追溯数据的来源和处理过程。

文档和报告：编写清洗过程的文档和报告，记录清洗的目的、步骤、结果和验证方法。这样可以方便他人理解和审计清洗过程。

（3）验证和追溯周期。

定期验证：定期执行数据验证步骤，确保数据清洗结果持续符合预期。可以根据数据更新频率和重要性制定验证的周期。

审计追溯：对于敏感数据或需要审计的情况，保留数据清洗的日志和文档，并确保其可访问和可审计。这样可以满足合规要求和审计需求。

通过数据验证和追溯机制，可以保证数据清洗的准确性和可信度，并保证可以追溯数据处理的过程，以支持数据的可靠分析和决策。

数据清洗是数据处理流程中不可或缺的环节，它通过评估数据质量、定义清洗规则、选择合适的工具和技术以及验证清洗结果，保证了数据的可靠性和准确性。在数据清洗过程中，需要持续关注数据质量，及时处理缺失值、异常值和数据不一致等问题，并建立追溯机制，记录清洗过程中的操作和结果。只有通过严格的数据清洗，才能确保后续的数据分析和应用的有效性和可靠性，为组织提供准确的决策依据和业务价值。

6.2.5 数据多维集成

1. 多维集成整体结构

大脑本体数据集成设计遵循维度建模思想，参考数据仓库分层理念，划分不同的层次，每个层次有特定的功能和目标。

典型的分层结构包括数据引入层、数据公共层、数据应用层。

数据引入层（Operation Data Store，ODS）：存放原始、未加工的操作性数据，为后续清洗、转换和整合提供数据基础。

数据公共层（Common Data Model，CDM）：维度表（CDM.DIM）、明细事实表（CDM.DWD）以及轻度汇总表（CDM.DWS）。数据公共层数据由数据引入层数据加工生成。

数据应用层（Application Data Service，ADS）：存放支持业务决策和洞察的统计性指标数据，属于汇总表。数据应用层数据由数据引入层与数据公共层加工生成。

这种分层架构有助于数据的高效管理、灵活分析以及用户友好的数据展示，支持更好的决策和洞察。

分层时应遵循如下基本原则。

功能划分明确：每层应有明确的功能定位，减少混淆。

数据一致性：各层的数据应保证一致性，通过数据转换和整合，确保不同层次间数据的关联和准确性，从而为决策提供可信的数据基础。

可维护性：各层应该具备易于管理和维护的特性，确保数据质量和处理效率。其包括规范的数据标准、元数据管理和数据质量监控等。

性能优化：每层的设计应考虑查询和处理性能，避免数据冗余和复杂计算。使用合适的索引、分区以及数据汇总等手段来提高查询效率。

这些基本原则有助于确保数据分层的有效性、灵活性和高效性，使其能够更好地支持数据分析和决策需求。

2. 多维集成建模原则

（1）维度表（CDM.DIM）设计原则。

唯一性和稳定性：维度表的每个记录应该具有唯一的标识，以确保数据的准确性和一致性。这个标识通常是代理键，不受业务的变化影响。

层次结构：如果维度具有层次结构，如时间维度的年份、季度、月份，应在维度表中体现出来，以支持多层次的数据分析。

缓慢变化属性：维度表中的某些属性可能会随着时间而变化，如采购供应商地址、开户行信息等。这些属性要适当进行处理，例如使用缓慢变化维度技术来管理变化。

自解释性：维度表应该设计得足够自解释，使用户能够理解其内容，避免需要额外的文档解释。

标准化和代码化：使用标准代码或缩写来描述属性，以便保证一致性。例如，使用 ISO 标准的国家／地区代码。

元数据记录：记录维度表的元数据，如创建日期、最近更新日期等，以便数据管理和维护。

性能优化：对于大型维度表，可以考虑使用分层存储、索引等技术来优化查询性能。

关于雪花（规范化）设计：一般情况维度不建议采用规范化处理，只有出现多值维度（比如单个科研项目属性数量多且不定）、多属性维度（比如研究项目存在多个部门属性且数量不定）时，可以适当采用支架表和桥接表方式进行规范化处理。

（2）明细事实表（CDM.DWD）设计原则

粒度明确：明细事实表应该有明确的粒度，即每一条记录代表一个明确的事实，例如某一项资产某一条数据。这有助于保持数据的准确性和可理解性。

度量指标：在明细事实表中，应该包含与业务相关的度量指标，如数量、金额等。这些度量指标是数据分析和决策的关键基础。

时间戳：明细事实表应包含时间戳，记录事实发生的确切时间。这有助于支持时间相关的分析，如时间趋势和季节性变化。

外键关联：明细事实表应该与适当的维度表进行外键关联，以便为事实提供更多的上下文信息。这样的关联使得数据分析更有深度。

避免冗余：避免在明细事实表中存储重复的数据，如不同记录有相同的度量值。这有助于减小数据存储和维护的负担。

明细事实表命名规范：明细事实表的命名应具有描述性，清楚地表达明细事实表的内容和用途，有助于用户理解和使用。

分区和索引：对于大型明细事实表，可以考虑使用分区和适当的索引来优化查询性能。

元数据记录：记录明细事实表的元数据，如创建日期、最近更新日期等，有助于数据管理和维护。

明细事实表的设计是数据多维集成的核心，它直接影响到数据分析的质量和性能。在设计明细事实表时，需要充分考虑业务需求、数据结构和性能优化等因素。

（3）汇总表（CDM.DWS/ADS）设计原则

明确定义的目标：汇总表应该明确定义其目标，即要支持哪些查询、分析或报告需求。这有助于确定需要聚合的度量、分组和维度。

选择合适的粒度：根据业务需求，选择合适的粒度进行聚合。粒度决定了汇总表中的每条记录代表的是哪个时间段、地区或其他实体。

适当的度量：选择与业务相关的度量进行聚合，如总金额、平均价格等。避免在一个汇总表中包含过多的度量，以保证清晰度。

维度关联：汇总表应与相应的维度表进行关联，以提供上下文信息。这有助于在分析时理解汇总数据的背景。

性能优化：汇总表的设计应考虑查询性能，使用适当的索引、分区等技术来加速查询。

命名规范：汇总表的命名应具有描述性，清楚地表达其内容和用途，有助于用户理解和使用。

汇总表的设计是优化数据多维集成性能和支持复杂分析的关键。在设计时，需考虑业务需求、查询性能、数据变化情况等多方面因素。

3. 多维集成实践

数据多维集成实践中，需要进行主题域的划分。将相关的数据或信息归类到同一主题域下，形成主题库，以便更好地组织、管理和利用这些数据。通过主题域划分，可以将复杂的数据集或信息资源分解为更小的、可管理的主题领域，从而提高数据的可用性和可理解性。此外，主题域划分还有助于数据共享，促进跨业务域之间的协同。科研机构可以按照综合管理、科研管理、人力资源、财务管理、采购管理、资产管理、后勤保障、安全保卫等业务域划分主题库。

以人员主题库为例，建设流程如下。

确定业务需求：首先，需要明确人力资源数据分析的业务需求，确定需要关注的指标和分析维度。这可以包括员工信息、薪酬数据、绩效评估、培训记录等。

确定维度：根据业务需求，确定合适的维度。维度是对数据进行分组和分类的属性或角度，可以是时间维度（如年份、季度、月份）、地理位置维度（如地区、部门）、员工属性维度（如职位、学历、工作经验）等。

设计事实表：根据业务需求和选择的维度，设计合适的事实表。例如，可以设计一个员工绩效评估事实表，其中包含工号、评估日期、评估指标等维度列，以及绩效得分等指标列。

建立维度表：维度表是指存储与维度相关的描述性信息的表格。根据选择的维度建立相应的维度表。每个维度表包含一个主键列和与维度相关的其他属性列。例如，可以建立一个员工维度表，其中包含工号、姓名、职位、部门等属性列。

建立关联关系：在数据模型中，通过建立事实表和维度表之间的关联关系，将它们连接起来。通常，事实表的主键列与相关的维度表的外键列相连。

数据填充和验证：将人事数据填充到相应的事实表和维度表中，并进行数据验证和质量检查，确保数据的准确性和一致性。

在主题库建设实践过程中，会在数据引入层接入数据以后，根据数据开发规范，将原始数据拆分成最细粒度的明细数据存放在数据公共层，并且尽量关联详细的维度进事实表中（维度退化），这样设计的最细粒度明细事实表可以实现任意关联维度的统计。例如，人力资源基础信息相关数据接入数据引入层后，人员技能标签上游数据就会存在一对多的关系。在数据公共层会拆分处理成一个员工的每一个技能标签都对应一条数据，这样设计可以实现原来实现不了的统计，如筛选具备某一个标签的所有人。

主题库一般对应数据公共层。当需要分析某个专题事项时，可能会涉及多个主题库，关注更多维的指标，此时建议建设专题库，专题库一般对应数据应用层。

以员工画像专题库为例，涉及人员基本信息、科研、经费、资产、房产、行为等多方面的信息，这些信息来自多个主题库，这样的多维集成设计可以提供更全面的数据分析。

人员基本信息方面，涉及人员基本情况、职称、绩效、技能方向、工作经历等信息，需要集成人员主题库的相关信息。通过分析职称晋升时长、历年绩效趋势、技能方向发展情况、工作经历等数据，综合评判员工的潜力，以便为员工量身定制培养和发展计划。

科研方面，涉及科研项目、科研成果等信息，需要集成项目主题库、成果主题库等信息，包括科研项目、项目合同金额、论文、专利、奖励、软件著作权等成果的数据。

经费方面，涉及科研项目经费执行和绩效情况，需要集成项目主题库、财务主题库等信息，包括经费卡号、经费金额、经费执行率等数据。

资产方面，涉及仪器设备、专业软件、家具等信息，需要集成采购主题库、资产主题库的相关信息，包括资产采购、领用资产原值、领用资产个数、借入资产个数、借入资产原值等数据。

房产方面，涉及办公用房、科研用房、公寓等，需要集成房产主题库相关信息，包括房间使用面积、管理房间数、管理房间面积、团队人均面积、团队工位数等数据。

行为方面，涉及出勤、流程审批、消费习惯、阅读爱好等信息，需要集成人员主题库、流程主题库、消费主题库、资产主题库相关信息，包括上下班时间分布、出勤天数、迟到早退天数、消费金额、图书借阅次数等数据。

通过这些方面，整体衡量人才竞争力、科研项目投入产出比等。通过上述主题库的基础数据，结合人才竞争力模型，可以对本单位、本部门的同岗位、同职级、同年龄的人才进行多维度的比较和分析。科研项目投入产出模型则可以使用科研项目、科研成果、经费、资产等主题库数据，通过计算人均成果、元均成果等，对科研项目投入产出进行定性和定量分析。

6.3 分析区建设

6.3.1 分析区建设内容

分析区的分析能力分为四个层面：基础分析、交互式分析及可视分析、增强型分析、规范性分析。

1. 基础分析

基础分析主要指建设基础分析模型和算法库，包括以下内容。

描述性分析库：描述发生了什么，如描述性统计分析、数据可视化、数据聚类、异常检测等。

诊断性分析库：追溯事件发生的原因，如关联分析、因果推断、回归分析、敏感性分析等。

预测性分析库：预测未来的趋势，如统计预测分析、回归分析、深度学习预测、贝叶斯分析等。

2. 交互式分析及可视分析

一个固定的系统难以适应需求的变化，达到数据分析的目的有时需要进行交互探索，在机器智能不足的情况下需要结合人的智能。因此，分析区需要构建基于用户探索的分析工具和知识驱动的可视分析工具。

3. 增强型分析

所谓增强型分析，即自适应的分析模型选择。各类分析模型在不同场景下各有特长，且新模型不断涌现。常规方法中，人工选择模型，人工选择特征和调整参数，非常耗时费力，效果依赖人的经验。因此，需要针对具体数据和用户设定，自动发现最好的模型及参数，达到最好的分析效果，逐步向自动数据分析的方向发展。

4. 规范性分析

规范性分析可直观地理解为"处方式分析",即给某个问题直接开出处方。系统根据用户设定的目标进行自动分析、优化、推演,给出解决问题的优化方案推荐,直接支撑战略目标管理。

6.3.2 分析区能力建设

数据分析的算法非常繁多,大脑本体构建分析能力时需要充分利用已有库,如 NumPy、Pandas、Matplotlib 等。

1. NumPy

根据官方描述,NumPy 是 Python 中进行科学计算的基本包。它是一个 Python 库,提供了一个多维数组对象,各种派生对象(如掩码数组和矩阵),以及一系列用于快速操作数组的程序,包括数学、逻辑、形状操作、排序、选择、I/O、离散傅里叶变换、基本线性代数、基本统计操作、随机模拟等。

大脑本体集成 NumPy 库时,需要注意 NumPy 版本与 Python 版本之间的兼容性问题。例如,2023 年 9 月发布的 NumPy 1.26.0,其兼容的 Python 版本为 3.9–3.12。因此,如需兼容老版本 Python,需要集成调度老版本 NumPy。

2. Pandas

根据官方描述,Pandas 是一个开源的、BSD 许可的库,为 Python 编程语言提供了高性能、易于使用的数据结构和数据分析工具。

数据处理:Pandas 能够高效地处理大量数据,包括数据的清洗、转换和分析。它提供了丰富的函数和方法,可以帮助用户填补和处理缺失值、转换数据格式、读取和写入不同格式的文件,以及进行描述性统计、合并数据、透视表和聚合等操作。

数据结构：Pandas 提供了两种主要的数据结构，即 Series 和 DataFrame。Series 是一种一维数组，可以保存任何数据类型，而 DataFrame 则是一种二维表格，可以保存不同类型的数据，并且每列数据的类型可以不同。这两种数据结构都能够快速地处理大量数据，并且支持标签索引和布尔索引等多种索引方式。

广播机制：Pandas 的广播机制允许用户在不改变原始数据结构的情况下，对数据进行各种操作。例如，用户可以将一个标量值添加到一个 Series 或 DataFrame 的所有元素上，或者将一个 Series 的元素乘以一个标量值。这种广播机制使得数据处理变得更加简单和高效。

数据可视化：Pandas 集成了 Matplotlib 库，可以快速地进行数据可视化。用户可以使用 Pandas 提供的函数和方法来绘制各种图表，如折线图、散点图、柱状图、饼图等，以便更好地理解和分析数据。

数据读写：Pandas 提供了丰富的数据读写操作函数和方法，可以读取和写入各种格式的文件，如 CSV、Excel、JSON、HTML、SQL 等。这些函数和方法支持多种参数选项，可以满足不同的数据读写需求。

数据分析：Pandas 提供了许多数据分析工具，如分组统计分析、时间序列处理、正则表达式等。这些工具可以帮助用户更好地理解和分析数据，从而使用户做出更明智的决策。

与 NumPy 库类似，大脑本体在集成 Pandas 库时也需要注意 Python 版本的兼容性问题。例如，2023 年 9 月发布的 Pandas 2.1.1，其兼容的 Python 版本为 3.9–3.11。

6.4 记忆区建设

记忆区主要涉及知识库的构建，从载体形式上看，主要分为静态知识库、知识图谱、知识大模型三种。

6.4.1 静态知识库

静态知识库的形态类似维基百科（Wikipedia）。在科研机构的日常工作中，会积累大量的文本、图片、音频、视频资料，整理后形成各团队的知识库。一些制度、文件、案例等也沉淀了单位特有的知识。同时，各类业务系统中积累了大量关于办公、人事、财务、资产、科研、后勤等方面的结构化、非结构化数据。这些数据以传统知识库的形态进行存储，支持高效查询，方便进一步挖掘。

6.4.2 知识图谱

除了传统知识库形式，为挖掘数据内在的关系，常用的方法是构建知识图谱（Knowledge Graph）。知识图谱的概念有狭义和广义之分。狭义的知识图谱特指一类知识的表示方式，其本质是一种大规模语义网络。知识图谱包括实体、概念及其之间的各种语义关系，其基本组成单位是"实体—关系—实体"三元组。与传统语义网络相比，知识图谱不仅规模巨大，而且语义丰富、质量精良、结构友好。随着技术的发展，知识图谱的内涵现在已经远远超过了语义网络的范围，可以指代"大数据知识工程"，这就是广义的知识图谱。

这里简单辨析一下知识图谱、知识表示、知识工程、人工智能几个概念之间的关系：知识工程的核心是建设专家系统，其关键问题是知识表示，而知识图谱是知识表示的一种重要方式。因此，知识图谱归属于知识表示，知识表示归属于知识工程，知识工程归属于人工智能。

知识图谱主要基于人工编辑和自动抽取构建。自动抽取方法主要基于结构化信息。根据结构化组织的知识库、结构化的业务系统字段信息，可以使用自动抽取方法生成知识图谱。

当然，目前发展了一些新型的信息抽取技术，用于构建基于自由文本的开放域知识图谱。其中一个主流的思路是开放域信息抽取（OIE），直接从大规模自由文本中抽取实体关系三元组。一些系统被陆续提出，如华盛顿大学的 Reverb 和 OLLIE、卡内基 – 梅隆大学的 NELL、德国马普研究中心的 PATTY 等。

关于知识图谱的存储，如果以关系型数据库作为存储引擎，那么知识以三元组（实体、属性、值）的结构化形式表示，通过查询语句进行检索和推理；如果以图数据库作为存储引擎，那么知识以节点（实体）和边（关系）的图结构形式表示，通过图查询语言进行检索和推理。大脑本体在构建记忆区能力时，建议使用图数据库的形式存储知识图谱。图数据库有很多，就科研机构的数据量而言，采用 Neo4j 开源免费的社区版本即可。

6.4.3 知识大模型

随着 ChatGPT 的反响越来越大，很多人意识到 AI 大模型本身就是知识库的载体。知识大模型中的知识以 AI 大模型的巨量参数形式表示，通过模型的调用进行检索和推理。

事实上，人工智能有两大流派——符号主义和连接主义，在发展的过程中两者此消彼长。连接主义的代表是深度学习，在近年来取得了丰硕的成果。而符号主义的代表是知识工程，其提出的专家系统一度解决了很多实际问题，但由于专家系统依赖领域专家提供知识、表达知识，大部分只能工作在规则明确、边界清晰、应用封闭的场景，太过受限。之后，知识图谱的兴起引领知识工程进入新的阶段，特别是大数据知识工程，显著提升了机器认知的智能水平。由于高质量的训练数据毕竟不是无限的，深度学习的模型效果正渐渐遇到天花板。此时，蕴含大量先验知识的知识工程得到重新关注，数据之外的知识，特别是符号化的知识，是重点的突破方向。深度学习从数据驱动演变为数据与知识双轮驱动，符号主义和连接主义正在探寻有机结合的道路。

因此，构建大脑本体知识大模型，首先需要海量数据预训练模型、科研机构领域数据微调，如需进一步提升其能力，可以考虑利用领域知识对大模型进行调优。

6.5 学习区建设

6.5.1 机器学习算法

学习区主要汇聚机器学习类算法和模型。机器学习通过对大量数据进行分析构建模型。根据方式的不同，机器学习可以分为监督学习、无监督学习、半监督学习和强化学习。

监督学习最大的特点是训练数据集是完全标注好的，学习的是数据从输入到输出之间的关系。将这种关系量化为权值，基于这些权值构建模型（或函数）。如何确定模型的各权值，是学习（训练）的重点。所谓监督，即训练集的数据可以反向指导（监督）模型调整的方向。根据解决的问题对象，可以大致将监督学习分为分类问题和回归问题。分类问题要求模型输出的是离散量，将输入识别为某一类，如花卉识别、动物识别。回归问题处理的是连续量，如根据位置、面积、周边配套等信息预测房屋的价格。常见的监督学习算法如下：分类算法有 K- 邻近（KNN）、朴素贝叶斯、支持向量机（SVM）、决策树、随机森林等，回归算法有逻辑回归、线性回归等。深度学习算法大部分也属于监督学习。

无监督学习与监督学习完全不同，没有标注的数据，其核心在于对输入的概率密度建模。通俗地说，无监督学习是在没有标注过的数据集中，挖掘其隐藏的关联关系。无监督学习算法通常分为聚类算法和降维算法两类。聚类算法可以简单地理解为自动分类。在监督学习中，分类后每一类代表什么是清楚的；而在无监督学习中，分类后每一类代表什么是不清楚的。降维算法，类似于压缩，在保持数据原有结构的基础上，降低数据的复杂度。常见的无监督学习算法：聚类算法有 K 均值聚类、层次聚类等，降维算法有主成分分析（PCA）、奇异值分解（SVD）等。

半监督学习中，训练数据集有一部分标注过，有一部分未标注（通常是少量标注、大量未标注），其介于监督学习和无监督学习之间。理论上，未标记的数据和少量已标记的数据相结合，比无监督学习（无标记）的准确性有较大的提升。但半监督学习需要遵循一些假设，主要是针对无标记数据分布的，包括平滑假设、聚类假设或流形假设。平滑假设是指向量空间中距离越近的数据其标注标签更相似。聚类假设是指聚类后同一类的数据其标注标签更相似。流形假设是指高维数据大致会分布在一个低维的流形上，流形上邻近的数据其标注标签更相似。常见的半监督学习算法有 T-SVM 等。

强化学习是一种自动化目标导向学习，用于加强行为和环境的交互，在每个步骤完成时接收奖励，从而学习出最优行为策略。常见的强化学习算法有 Q-learning、SARSA、Deep Q-network（DQN）等。

除了上述的简单分类，还有一些灵活运用各类学习的方法，如集成学习（多个学习器组合在一起提高预测能力）、迁移学习（将一个任务上学到的知识应用到另一个相关任务上）、增量学习（在已有模型的基础上加入新的训练数据来更新模型）、多任务学习（同时学习多个相关任务，共享模型和特征）等。

6.5.2 机器学习能力建设

机器学习的算法非常繁多，大脑本体构建机器学习能力时需要充分利用已有机器学习库。Python 是迄今为止最流行的机器学习语言，因此基于 Python 的机器学习库需要整合进入大脑本体中，特别是 scikit-learn。另一方面，由于很多应用软件、大数据平台由 Java 编写，与 Java 相关的库（如 Weka、Java-ML、ELKI）也需要考虑在内，便于调用。

1. scikit-learn（Python）

scikit-learn 提供了数据预处理、分类、回归、聚类、降维、模型选择等六大方面的算法。

数据预处理：scikit-learn 提供了一些数据处理工具，包括数据缩放、特征选择、缺失值处理等。这些工具可以帮助用户更好地准备和处理数据，以便进行机器学习。

分类：scikit-learn 提供了多种分类算法，包括 K- 近邻、决策树、随机森林、支持向量机等。这些算法可以应用于多类分类和二元分类问题。

回归：scikit-learn 提供了多种回归算法，包括线性回归、岭回归、Lasso 等。这些算法可以用于预测连续变量。

聚类：scikit-learn 提供了多种聚类算法，包括 K- 均值、谱聚类、

DBSCAN 等。这些算法可以用来将数据分成几个不同的组或集群。

降维：scikit-learn 提供了多种数据降维算法，包括主成分分析、奇异值分解等。这些算法可以用于减少数据的维度，以便更容易进行可视化和分析。

模型选择：scikit-learn 提供了多种模型选择工具，包括交叉验证、网格搜索等。这些工具可以帮助用户选择最佳的模型超参数，以提高模型的性能。

2. Weka（Java）

如官方描述，Weka 是一组用于数据挖掘任务的机器学习算法。它包含数据预处理、分类、回归、聚类、关联规则挖掘和可视化等工具，同 scikit-learn 类似。

数据预处理：Weka 提供了多种数据预处理工具，包括数据清理、过滤、转换和标准化等，帮助用户准备数据进行分析。

分类：Weka 提供了多种分类算法，包括决策树、贝叶斯、神经网络、支持向量机等。这些算法可以应用于多类分类和二元分类问题。

回归：Weka 提供了多种回归算法，包括线性回归、岭回归、Lasso 等。这些算法可以用于预测连续变量。

聚类：Weka 提供了多种聚类算法，包括 K- 均值、层次聚类、DBSCAN 等。这些算法可以用于将数据分成几个不同的组或集群。

关联规则挖掘：Weka 提供了多种关联规则挖掘算法，包括 Apriori、FP-Growth 等。这些算法可以用于发现数据集中的频繁项集和关联规则。

可视化：Weka 提供了一个易于使用的界面和多种可视化工具，

可以帮助用户更好地理解和分析数据。

除了 Weka，Java-ML、ELKI 等也提供类似的功能，可视情况考虑适当集成。

大脑本体集成这些 Python 和 Java 机器学习库，并做好 API 网关封装，为上层应用提供机器学习能力。

6.5.3 深度学习算法

深度学习属于机器学习的一类，是由人工神经网络（ANN）算法进一步扩展而来，"深度"指的是深层神经网络。

1. 神经网络

神经网络，也称人工神经网络，是深度学习算法的核心。其名称和结构受人类大脑的启发，模仿了生物神经元信号相互传递的方式。神经网络由多个层次组成，每层的神经元通过权重和偏置等参数进行连接，形成一个复杂的网络结构。每个神经元接收上一层神经元的输入，并根据其权重和偏置等参数进行计算，然后将结果传递给下一层的神经元，这个过程被称为前向传播。在神经网络的训练过程中，权重和偏置等参数会被不断地调整和优化，以使得神经网络的输出更加接近真实的标签或结果，这个过程被称为反向传播或梯度下降。通过多次迭代和训练，神经网络可以逐渐学习和提取数据中的特征，并提高其性能和准确性。

2. 卷积神经网络

卷积神经网络（CNN，或 ConvNet）是一种特殊的神经网络，常用于视觉图像分析。CNN 提取图像的特征，以便进行图像分类、目标检测、图像分割等任务。CNN 的基本结构包括卷积层、池化层和全连接层。

卷积层是 CNN 的核心部分，负责在输入图像上滑动一个卷积核，对局部区域进行卷积操作，以提取图像的特征。卷积核可以看作一个小的图像，通过与输入图像的对应位置进行点积运算，得到一个特征图。不同的卷积核可以提取不同的特征，如边缘、纹理等。

池化层通常位于卷积层之后，负责对特征图进行下采样操作，以减少计算量和过拟合。池化操作可以是最大池化、平均池化等，目的是保留特征图中的关键信息，同时减少特征图的尺寸。

全连接层通常位于 CNN 的最后几层，负责将前面层的输出映射到最终的分类或回归结果。全连接层中的每个神经元都与前一层中的所有神经元相连，可以对输入数据进行复杂的非线性变换。

除了上述基本层，CNN 还可以包含一些其他类型的层，如归一化层、Dropout 层等，以提高模型的性能和泛化能力。

CNN 一路发展而来，学术界和产业界提出了大量的网络模型，许多经典模型已经成为骨架网络（Backbone Network）。所谓骨架网络，是指一些预训练的网络结构，提取输入图像的基础特征，然后这些特征可以被用于更具体的任务。换句话说，骨架网络可以作为一种特征提取器，为各种复杂的视觉任务提供支撑。

常见的 CNN 骨架网络有以下几个。

LeNet：最早用卷积神经网络结构实现手写数字识别的网络。

AlexNet：2012 年 ImageNet 图像分类竞赛冠军，引发了深度学习的研究热潮。

VGGNet：通过反复堆叠 3×3 的小型卷积核和 2×2 的最大池化层，建构深而窄的网络结构。

GoogleNet：2014 年 ImageNet 图像分类竞赛冠军，主要特点是引入了 Inception 模块。

ResNet：通过引入残差模块，有效地解决了深度神经网络训练过程中的梯度消失问题。

DenseNet：通过引入稠密连接，使得网络中的每一层都可以直接接收到前面所有层的输出。

ShuffleNet：一种轻量级网络，主要特点在于引入了通道重排（channel shuffle）操作。

MobileNet：专为移动端设备设计的轻量级网络，采用深度可分离卷积（depthwise separable convolution）来减少计算量。

EfficientNet：通过复合缩放方法，对网络的深度、宽度和分辨率进行均衡调整，以实现更高的性能。

RegNet：通过对网络结构进行自动化搜索，找到一种性能优越的网络结构。

在构建大脑本体深度学习能力中，这些骨架网络的预训练模型是非常重要的。

3. 循环神经网络

循环神经网络（RNN）是一种特殊的神经网络，常用于处理序列数据，如时间序列、文本、语音等。RNN 提取序列数据中的特征，以便进行序列预测、文本分类、机器翻译、语音识别等任务。循环神经网络的基本结构包括输入层、隐藏层和输出层。

隐藏层的输出会在下一个时间步被重新输入隐藏层中，形成循环。这个循环结构使得 RNN 能够捕捉序列数据中的时间依赖性，即当前时间步的输出不仅与当前时间步的输入有关，还与之前时间步的输出有关。这个过程会一直重复下去，直到处理完整个序列数据。

需要注意的是，RNN 在处理长序列时可能会遇到梯度消失或梯度爆炸的问题，导致模型无法有效地学习和提取序列数据中的特征。为了解决这个问题，一些改进的循环神经网络结构，如长短时记忆网络（LSTM）和门控循环单元（GRU）被提了出来。这些结构通过引入额外的机制来捕捉长序列中的时间依赖性，从而避免了梯度消失或梯度爆炸的问题。

4. 生成对抗网络

除了卷积神经网络和循环神经网络等常见网络，还有一类网络（或者可以理解为训练范式）面向生成任务，即生成对抗网络（Generative Adversarial Networks，GAN），用于图像生成、语义分割、数据增强等领域。生成对抗网络由两个不同的神经网络组成：生成器和判别器。生成器负责生成样本，判别器负责判断输入的样本是真实的还是虚假的。

在训练过程中，生成器和判别器不断地进行对抗，逐渐提高各自的能力。生成器生成的样本越来越逼真，判别器也越来越能够准确地识别真实和生成的样本。最终，生成器生成的样本足够逼真，以至于判别器无法区分。

5. 扩散模型

扩散模型（Diffusion Model）是一种新型的深度生成模型，它在图像生成任务中超越了之前的 SOTA 模型，如 GAN。它基于两个阶段：前向扩散阶段和反向扩散阶段。在前向扩散阶段，输入数据逐步通过添加高斯噪声而被扰动。在反向扩散阶段，被扰动的数据逐步通过去除添加的噪声而被去噪。扩散模型的训练过程是通过优化一个损失函数来实现的，该损失函数衡量了生成的样本与真实样本之间的差异。

在训练过程中，模型学习如何在前向扩散阶段逐步添加噪声，以及在反向扩散阶段逐步去除噪声，从而生成与真实样本尽可能相似的样本。

当前，基于扩散模型的开源模型中，最知名的是 Stable Diffusion，大脑本体集成时可以考虑。

6. Transformer

Transformer 网络结构区别于传统的循环神经网络或卷积神经网络，依赖于注意力机制。该网络结构分为编码器和解码器，里面有很多层，每一层都有两个主要的部分：自注意力层和前馈神经网络层。自注意力层的作用是让模型在处理每个词的时候，都能关注到输入数据中的所有词，并根据它们之间的关系来调整每个词的表示方式。前馈神经网络层则是对每个词的表示方式进行一些非线性的变换。

Transformer 网络结构在 ChatGPT 上实现了巨大的成功，大模型让人们感觉人工智能进入新的发展阶段。各类开源大模型如雨后春笋般出现，如 Meta 发布的 LLaMA 系列大模型，国内发布的智谱 AI 的 ChatGLM 系列大模型、百川智能的 Baichuan 系列大模型等，在构建大脑本体学习能力时，需要重点关注。

6.5.4 深度学习能力建设

大脑本体构建深度学习能力，需要考虑三个方面的内容：数据能力、算力能力、算法能力。

1. 深度学习数据能力

深度学习数据能力主要指数据标注能力。在训练集归集、存储、管理的基础上，需要重点建设各类任务的标注工具。

常见的文本标注工具有以下几个。

Doccano：一个开源的文本标注工具，支持命名实体识别、关系抽取、文本分类等多种任务。用户可以通过简单的界面进行标注，支持多种文件格式导出和自定义训练模型。

Brat：一个开源的文本标注工具，支持命名实体识别、关系抽取、事件抽取等多种任务。用户可以通过简单的界面进行标注，支持多种文件格式导出和自定义训练模型。

Inception：一个由 Google 开发的文本标注工具，支持多种自然语言处理任务，如文本分类、命名实体识别、情感分析等。用户可以通过简单的界面进行标注，支持多人协作标注和多种文件格式导出。

TextAE：一个开源的文本标注工具，支持文本分类、命名实体识别、关系抽取等多种任务。用户可以通过简单的界面进行标注，支持多种文件格式导出和自定义训练模型。

常见的视觉标注工具有以下几个。

LabelImg：目标识别和目标检测标注工具。

Labelme：多边形标注工具，支持对象检测、图像语义分割数据标注。

CVAT：OpenCV 开发团队开发的计算机视觉标注工具。

VOTT：微软发布的一款用于图像目标检测的标注工具。

EISeg：基于飞桨开发的一个高效智能的交互式分割标注软件。

常用的音频标注工具有以下几个。

Praat：主要用于对语音信号进行分析、标注、处理及合成等，同时生成各种语图和报表。

大脑本体构建深度学习数据能力时，这些常见的标注工具需要集成进去。当然，除了这些传统工具，使用 AI 大模型进行自动化标注也是一种非常有前景的方式。

2. 深度学习算力能力

深度学习的训练需要大量的算力支持，尤其是 AI 大模型，对 GPU 的需求巨大。大脑本体需要整合 GPU 的调度能力，实现更好的算力供给。当然，如有较好的算力调度平台，可以把一些前沿的计算介质集成在一起，如超级计算机、图计算机等，以进一步拓展大脑的能力边界。

3. 深度学习算法能力

深度学习算法的训练离不开框架的支持，主流的深度学习框架为 PyTorch 和 TensorFlow。PyTorch 是由 Facebook AI Research 于 2016 年发布的深度学习框架。它采用了动态计算图的编程模型，使计算流程可以在运行时动态创建和修改，从而方便用户进行调试和开发。PyTorch 由于其易于学习和使用的特性、灵活的动态计算图机制，以及强大的 GPU 加速功能，在学术界和工业界都受到了广泛的欢迎。TensorFlow 是由 Google Brain 团队于 2015 年发布的深度学习框架。它是将图定义和图运算完全分开，主要采用符号式编程。这使得 TensorFlow 能够自动处理并行计算和内存管理，提高了效率。TensorFlow 支持多种异构平台，包括多 CPU/GPU、服务器、移动设备，具有良好的跨平台性，因此成为业界的热门选择。

基于这两个框架积累的大量的开源模型，可以作为大脑本体深度学习功能不断拓展的保障。近年来，国内百度的 PaddlePaddle（飞桨）发展得越来越完善，除了 PaddleCV 智能视觉、PaddleNLP 智能文本处理、PaddleRec 智能推荐、PaddleSpeech 智能语音、PaddleTS 深度时序算法库这些基础的模型库外，还提供了 PaddleHub 预训练模型等一系列开发套件。在大脑本体构建时，也建议一并集成该框架。至于其他一些市场占有率相对较小的框架，如 MXNet、Caffe、Theano、CNTK 等，目前来看可不再考虑集成。

6.6 决策区建设

6.6.1 决策区建设内容

决策区构建"数字大脑"的决策能力，分事件驱动的决策和协同优化决策。

事件驱动的决策：以复杂事件检测为基础，基于"订阅—发布"的模式构建事件驱动的系统，实现各大脑间基于事件的协同，并基于知识库实现智能的事件处理。

协同优化决策：针对确定的任务目标，采取深度强化学习、多主体协同优化等前沿方法进行协同优化决策，以多脑智能协同的方式进行优化决策。

6.6.2 决策区能力建设

决策算法主要有以下几类。

1. 显式编程

对于具有确定规则的决策，可以实现明确的编程。此种情况下，预先考虑所有可能出现的场景，明确对其做出什么样的反应。这是最直接、最有效的决策方法，但对设计的策略完整性要求很高。大脑本体构建此类能力时，需要尽可能收集各领域规则，征集专家知识，并将其编程后形成规则库。同时，充分利用感知区事件感知的能力，实现感知事件驱动。

2. 监督学习

可以通过监督学习实现决策能力，在训练数据集上学习实例到行为的映射，训练出的模型可以在面临新情况时做出决策。大脑本体在构建学习区时，已经实现了监督学习常见算法、深度学习训练框架等基础能力。对于需要决策的事项，如果规则库无法解决，可以采集相关的数据形成训练样本，学习样本实例到行为的映射关系。训练后的模型可作为决策区能力的一部分。

3. 优化问题

可以将决策问题抽象为优化问题。设计一个可能的决策策略空间，并制定需要最大化（或最小化）的性能指标。优化算法在决策策略空间中搜索，寻找最佳策略。其中，动态规划是用于解决优化问题的一种方式。大脑本体构建此类能力时，可以重点关注指标项，围绕指标项形成优化问题。规划算法，特别是动态规划算法，有很多种实现方式，可以考虑充分集成。

4. 强化学习

可以通过强化学习实现决策能力。首先设计一个性能指标，由强化学习算法来优化行为。大脑本体在构建学习区时，已经实现了机器学习的常见算法，在决策区需要进一步实现深度学习和强化学习技术的结合，即深度强化学习算法。

6.7 演化区建设

6.7.1 演化区建设内容

大脑本体还需要不断进化的能力，这种能力被称为演化。学习与进化是生物适应自然发展的两种基本形式，两者相互补益。类似的，大脑本体也不能仅有学习能力。大多数的深度学习算法，是先确定模型的网络结构，再通过学习（训练）不断调整网络结构中的各项权值和参数，最终得到所需的模型。事实上，生物的大脑在学习中不是结构固定、权值变化之类的简单的调参，而是结构上的学习。从机理上看，是突触的连接在变化，这是生物大脑和目前深度学习算法原理上的很大不同。所以，大脑本体的演化能力，就是让深度学习的神经网络在进化时，网络结构和权值参数也同时学习，这就涉及演化计算与深度学习的结合。

演化计算有四个主要分支，分别是遗传算法、演化编程、进化策略与遗传编程。当然，还有一些小分支，如共生演化、差分演化、蚁群算法、粒子群算法等。演化计算不仅蕴含对抗性思想（类似 GAN的思想），还在多目标优化与决策问题、动态优化问题（不确定环境中的学习与优化问题）等方面具有较强的优势。演化计算与机器学习是自适应的两种方式。机器学习是个体学习，在最短的时间内适应一个训练集；演化学习是群体学习，实现比较、淘汰，两者互补。将演化计算与深度学习结合，大脑本体就成为一个可以长期演化的系统。从初始的设计出发，通过与环境的交互不断进化，大脑本体在不同的环境中进化成不同的系统。

6.7.2 演化区能力建设

与分析区类似，大脑本体构建演化区能力的时候可以考虑集成一些库。但与分析区算法不同的是，这些库不能简单调用，需要做算法层面的结合。常见的库有以下几个。

1. Cmaes

Cmaes 是 CMA-ES 的 Python 实现，CMA-ES 全称为 Covariance Matrix Adaptation-Evolution Strategy，协方差自适应调整的进化策略。该算法是一种黑盒优化算法，是知名的 ES 算法之一，不用建立复杂函数关系，直接进行参数优化，在中等规模（变量个数 3—300）的复杂优化问题上具有很好的效果。当然，CMA-ES 还有一些变种。

2. EvoJAX

EvoJAX 由 Google 开发。根据官方描述，EvoJAX 是一个可扩展的、通用的硬件加速神经进化工具包，建立在 JAX 之上，使神经进化算法能够与并行运行在多个 TPU／GPU 上的神经网络一起工作。EvoJAX 通过在加速器支持的 NumPy 中实现进化算法、神经网络和任务，从而实现了非常高的性能。

3. Nevergrad

大多数机器学习任务都依赖于无梯度优化来调整模型中的参数／超参数，Facebook 开发了 Nevergrad，一个无梯度优化（gradient-free optimization）库。在机器学习中，Nevergrad 可用于连续超参数优化、混合（连续和离散）超参数优化、在噪声环境中（通常在强化学习中）参数优化等。

6.8 应用案例

6.8.1 "之江大脑"本体组成

之江实验室在深入调研现有问题的基础上，统筹运用数字化技术、数字化思维、数字化认知，把数字化、一体化、现代化贯彻到实验室全过程业务领域，之江实验室凭借在人工智能、智能计算、智能感知等领域的优势，自研了"高度集成、多跨协同、智能决策"的"之江大脑"，推动之江实验室核心业务智能化，提升监测分析、预测预警、战略目标管理的能力。

"之江大脑"的整体技术架构如图6-1所示，包括大脑本体、能力中心、小脑功能等模块。其中大脑本体包括感知、记忆、分析、学习、决策、演化等能力，并且通过统一智能要素汇聚平台，汇聚了数据、知识、模型、算法、规则、公式等多种类型的智能要素。在此基础上，搭建了以数据中台、业务中台、AI中台为主的赋能平台，并通过数据共享、通用业务中心、工具类引擎、组件库等能力形式为上层应用赋能，产出风险预警、预测预报、智能导航、动态指数、全景画像、智能问答等智能业务。

图6-1 "之江大脑"整体技术架构图

其中，数据中台实现数据的统一存储、统一备份、统一查询、统一分析，实现数据资产综合管理和数据价值提升，通过数据仓库技术，构建各类业务主题数据，包含组织架构主题、日程管理主题、统一认证主题等丰富的主题数据，通过数据服务、数据分析赋能应用。业务中台以业务能力的聚合以及通用能力的复用为出发点和落脚点，将业务中台能力进行再分层，形成更近业务层的业务能力中心（如日程管理能力、会议室预订能力等）和更近基础层的通用能力中心（如认证管理能力、工单管理能力等）；对日常开发过程中的技术进行积累沉淀，形成更为广泛的技术中台能力（如消息队列、事件订阅等），其架构如图 6-2 所示。

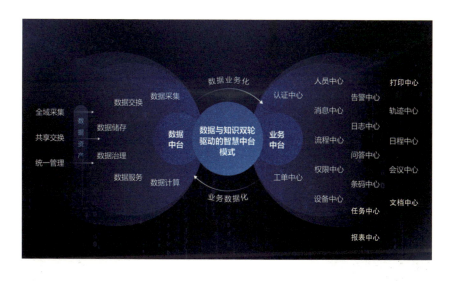

图 6-2　"之江大脑"业务中台和数据中台架构图

从技术架构上看，大脑本体属于中台性质；而从智慧能力上看，"之江大脑"本体分为感知区、分析区、记忆区、学习区、决策区、演化区、业务区等区，具体情况如下。

1. 感知区

感知区建设了一些能力模块，为全域感知各类数据打下基础。其主要包括条码中心、设备中心、告警中心、轨迹中心、事件中心等。

条码中心：提供通用的二维码服务，包括生成、刷新、更新等服务。

设备中心：接入园区设备，维护空间与设备的关系，提供设备控制服务。

告警中心：为园区所有告警设备、系统提供统一的告警数据接入服务，对外提供标准的数据服务能力。

轨迹中心：为位置设备、系统提供统一的人车轨迹数据接入服务，对外提供标准的数据服务能力。

事件中心：提供统一的事件机制服务，包括事件注册、实时调用等服务。

以轨迹中心为例，南向归集各类系统数据，北向支撑智能化应用，利用自身的规则、算法与模型发挥大脑本体作用。

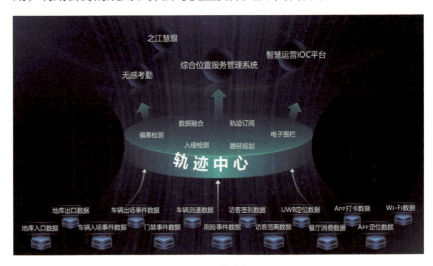

图 6-3　轨迹中心

此外，感知区提取各个业务的数据，统一标准和口径，通过数据计算和加工为用户提供数据服务。其主要包括数据交换、实时调度、数据质量校验、数据开发等功能。

数据交换：支持多种数据源的异构数据交换，支持流批一体化、智能限流。

定时调度：提高大数据批量工作流调度能力。

数据质量校验：提供丰富的数据质量检测模板，发现并确认异常数据，支持元数据管理。

数据开发：一站式数据应用开发，支持多种节点类型。

2. 分析区

分析区重点建设了可视分析能力，集分布式分析引擎、智能化分析算法、全栈式分析流程与"交钥匙"式系统构建于一体，洞察数据价值，取名"见微"（如图 6-4 所示）。

图 6-4　见微可视分析平台

分析区主要有以下功能。

智能数据整合：基于数据类型和语义的智能推断，支持数据清洗算子、数理统计方法及可视化的智能推荐。

交互数据分析：支持灵活高效的用户交互，结合智能推荐算法，支持人机协同的"探索式"大数据处理分析流程。

敏捷模型构建：支持自定义算子的灵活接入，提供模型的快速创建、训练及管理功能，实现多领域多类型模型的持续集成。

海量数据支持：基于分布式计算引擎，支持中大规模数据集的高效联机分析处理（OLAP）；支持基于 Spark 优化的数据挖掘算子，以实现海量数据的高效处理、分析。

图构建／图分析：支持从结构化数据中构建关系网络，以探寻数据中的关联关系。结合丰富的样式调整策略和灵活的过滤机制，支持关系网络的交互式分析，满足多样而复杂的网络分析需求。

系统快速定制：根据特定的分析任务，支持无代码构建可视分析系统、模拟推演系统及数据报表。支持系统的快速构建及发布，满足多元的分析需求。

3. 记忆区

记忆区构建了静态知识库、知识图谱（图6-5）、知识大模型，并基于此提供统一搜索和智能问答服务。通过协同平台、之江 App、之江精灵、微信公众号对外提供服务，已应用于办公场景、入职场景、招聘场景、党建场景等。

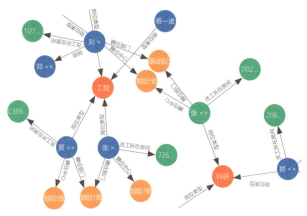

图 6-5 记忆区知识图谱

4. 学习区

学习区建设 AI 中心，提供机器学习和深度学习能力，包括智能文本、智能图像、智能视觉、智能语音等。通过集成多个深度学习框架，包括之江实验室的之江天枢、百度的 PaddlePaddle 及 TensorFlow、Pytorch 等，搭建统一的 AI 中心，并通过 Restful API 接口对外提供通用的服务，其架构如图 6-6 所示。目前 AI 中心自研算法超过 100 种，包括各类目标检测、人脸识别、情绪识别、时序预测、异常数据挖掘、轨迹检索等，构建的 AI 能力开放平台如图 6-7 所示。

图 6-6 AI 中心架构

图 6-7 "之江大脑"AI 能力开放平台

5. 决策区

决策区建设了规则库,已经对重点问题实现了 50 余条规则,用于显式编程。至于监督学习、优化问题求解、深度强化学习等,主要与学习区结合建设。

6. 演化区

演化区主要探索演化计算和深度学习的结合,实现大脑本体模型自身的进化(除训练权值参数外,同时演化网络结构本身)。目前,算法尚在探索中,还不够成熟。

7. 业务区

"之江大脑"本体还建设了一些具备基础业务属性的共性能力模块,有助于业务的复用,提供对业务的快速响应能力。其主要包括人员中心、认证中心、权限中心、任务中心、消息中心、流程中心、工单中心、日志中心、日程中心、会议中心、文档中心、报表中心、打印中心等。

人员中心:提供人员和组织架构的管理能力。

认证中心:为接入系统提供统一身份认证能力。

权限中心:提供统一的权限管理能力,基于人、角色、权限、资源进行组合授权的相关服务。

任务中心：提供统一的任务管理能力，包括实例和任务的创建、修改、查询等服务。

消息中心：提供统一的消息管理能力，提供消息的发送服务，支持钉钉、短信、移动 App、邮件等渠道。

流程中心：提供通用的流程编排能力，包括流程设计、发起以及状态推进等服务。

工单中心：提供统一的工单管理能力。

日志中心：提供统一的日志服务，包括统一采集、统一存储、统一查询等服务。

日程中心：提供统一的日程管理能力，包括新建、消息提醒、查询、分享等服务。

会议中心：提供通用的会议室预订功能，包括预约、审批、抄送、传阅、通知等服务。

文档中心：提供通用的文档处理能力，包括存储、编辑、分享、权限管控等。

报表中心：提供通用的报表处理能力，简化报表设计与生成，提升可视化展示水平。

打印中心：提供通用的打印服务，屏蔽底层打印机差异。

6.8.2 "之江大脑"本体智能要素

"之江大脑"本体的智能要素包括数据、知识、规则、算法、工具等。

数据要素：主要包括人力资源、财务、采购、资产、科研管理、科研装置、科研合作、条件保障（综合安防、物业运营、餐饮消费等）

等业务系统的数据。

知识要素：主要包括政策、实验室文件、制度规范、技术标准、研究报告等。

规则要素：主要包括纪检监察、审计、督办考核、安防管控等业务规则。

算法要素：主要包括人脸识别、车牌识别、离岗检测、人流统计、语音识别、语义理解、内容生成等算法。

工具要素：主要包括数据采集工具、数据分析与挖掘工具、深度学习模型训练工具等。

为了方便管理智能要素，故构建了智能要素归集平台，如图6-8所示。

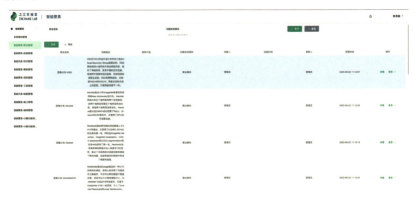

图6-8　智能要素归集平台

目前已归集了105项核心指标、127个算法、54条规则、1915条知识、124项制度；构建了16层知识图谱网络，包括92.2万个实体对象、45万条关系。这些智能要素支撑了风险预警、全景画像、预测预报、动态指数、智能导航、智能问答等六类智能模块，赋能了业务流程再造，提升了实验室监测分析评价、预测预警和战略目标管理能力。

第七章　科研机构
治理"数字大脑"的小脑功能建设

7.1 "风险预警"功能建设

7.1.1 "风险预警"功能定义及功能举例

"风险预警"是指通过对科研机构在科研、管理、运营行为过程中产生的各类数据进行收集，并利用规则、模型等手段对潜在风险进行识别和分析，将风险分析得到的实际风险状态与可接受风险或风险分级标准做对比，对出现或预期出现不可接受风险，提前告知风险主体注意并采取适当的风险管理措施，完全避免或者最大限度减少风险带来的负面影响。科研机构中常见的"风险预警"功能，如表 7-1 所示。

表 7-1　科研机构常见"风险预警"功能举例

序号	"风险预警"类型	功能描述
1	科研项目管理风险预警	●跟踪科研项目的进度，及时发现延误或资源问题 ●自动报告项目预算执行情况，确保在预算范围内运行 ●提供项目冲突或优先级变化的通知

序号	"风险预警"类型	功能描述
2	数据管理和知识产权风险预警	●监测科研数据的安全性和访问控制，以避免泄露 ●提供知识产权保护警告，以防止数据盗窃或侵权 ●帮助管理数据备份和归档策略
3	设施和环境管理风险预警	●监测实验室设施的维护需求，包括电力、水和空气质量 ●自动检测环境污染或危险品的泄漏，并发出紧急警报 ●提供设施能源效率分析和环境监测数据
4	人力资源风险预警	●监测团队成员的绩效和满意度 ●提供员工流动率和人员管理的数据 ●自动提醒关键人员的培训和发展需求
5	安全风险预警	●检测网络攻击和恶意活动 ●自动报告安全事件和漏洞 ●实施实时安全监控和应急响应计划
6	财务风险预警	●监测财务数据，包括预算执行和费用管理 ●自动提醒超出预算或费用增加的情况 ●提供财务预测和分析
7	廉政风险预警	●监测机构内部的不正当行为，如腐败、贪污或权力滥用 ●自动检测不符合道德和法规的行为，包括不当交易和贿赂 ●提供匿名举报机制，以鼓励员工报告不正当行为
8	社会影响和声誉风险预警	●监测新闻媒体和社交媒体上与科研机构相关的负面报道和评论 ●自动检测可能损害机构声誉的事件，如科研造假或道德问题 ●提供危机公关计划和声誉管理策略
9	合作伙伴关系和供应商风险预警	●监测科研合作伙伴或供应商的财务健康和合规性 ●自动检测合作伙伴或供应商的合同违规行为或变更 ●提供供应链风险评估和合作伙伴绩效报告

"风险预警"模块一般包括数据收集模块、风险预测模块、预警

通知模块、可视化展示模块等。

数据收集模块是风险预警中最基础的模块，需要收集、整理相关数据，包括科研机构内部数据和外部数据，为科研机构识别内部风险提供基础支撑。风险预测模块是"风险预警"系统的核心模块，它利用收集到的数据，运用相关的规则、模型和算法进行分析，预测未来可能出现的风险。预警通知模块是"风险预警"系统对外交互模块，它主要负责将风险预测和评估的结果及时、准确地通知给风险主体和相关管理人员，提醒他们注意风险，采取相应的风险管理措施，防范和控制可能发生的风险。可视化展示模块主要负责将风险预测和评估的结果以可视化的形式展示出来，让用户能够直观地了解和掌握风险状况，快速做出决策。

总之，"风险预警"作为科研机构治理"数字大脑"的一个重要模块，通过整合多维度的数据和信息，利用模型算法进行分析预测，将预警信息及时发布，并制定管理措施，最大限度减少风险带来的负面影响。

7.1.2 "风险预警"功能建设目标

"风险预警"功能建设目标的制定，应该结合科研机构自身的实际业务、战略规划和长远发展目标，以确保系统的有效性和长期性。其业务场景包括科研项目管理、知识产权管理、人才管理、科技成果转化、园区管理等。在这些业务场景下，科研机构"风险预警"功能的具体建设目标可以更加具体化和精准化，具体包括以下几个方面。

（1）科研项目管理方面：建设科研项目"风险预警"系统，对科研项目进行风险识别和预测，及时通知科研人员和管理人员，避免项目出现延期、超预算等风险，提高科研项目的成功率和效率。

（2）知识产权管理方面：建设知识产权风险预警系统，对知识产权的侵权、保护、转让等进行风险识别和预测，及时通知知识产权管理人员，采取相应的措施保护知识产权，最大限度地减少知识产权损失。

（3）人才管理方面：建设人才风险预警系统，对人才流失、人才竞争、人才市场变化等进行风险识别和预测，及时通知人力资源管理人员，采取相应的措施吸引和留住优秀人才，保障科研机构的人才队伍建设。

（4）科技成果转化方面：建设科技成果转化风险预警系统，对科技成果的市场前景、技术壁垒、竞争环境等进行风险识别和预测，及时通知科技成果转化管理人员，采取相应的措施提高科技成果的转化率和经济效益。

总之，科研机构"风险预警"功能的具体建设目标，应该根据其具体业务场景和风险特点进行定制化设计，以达到最大化的风险管理效果和最优化的业务运营效果。

7.1.3 建设"风险预警"模块的实施步骤

"风险预警"模块建设的主要过程包括但不限于：确定风险预警需求，收集、整理和分析相关数据，制定预警规则策略和风险应对措施，开发风险预警系统并进行测试，不断优化和完善系统。图7-1所示为建设"风险预警"模块的实施步骤，具体包括下面四步。

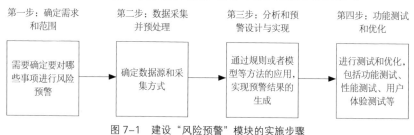

图7-1　建设"风险预警"模块的实施步骤

第一步：确定需求和范围。首先，需要确定要对哪些事项进行风险预警，包括要监控的风险类型、数据来源、预警频率等，以及预期的效果和价值。

第二步：数据采集并预处理。根据需求和范围，确定数据源和采集方式。同时，需要根据数据类型和特点进行数据转换和归一化，以便后续的使用。

第三步：分析和预警设计与实现。基于需求和收集到的数据，通过规则或者模型等方法的应用，实现预警结果的生成。同时还需要设计预警响应和决策，便于在预警发生时，能够指导对应人员按照方案进行处理。

第四步：功能测试和优化。系统开发完成后，需要进行测试和优化，包括功能测试、性能测试、用户体验测试等，同时根据测试结果进行优化和改进。

下面进行展开叙述。

1. 确定需求和范围

当科研机构建设"风险预警"模块时，首先需要明确"风险预警"系统的具体需求和范围，以确保系统能够满足业务需要并达到预期目标。这包括确定要监控的风险类型、数据来源、预警频率等。同时，还需要明确系统的目标，以及预期的效果和价值。只有明确需求和范围，才能为后续的系统设计和开发奠定基础。

首先，需要明确"风险预警"系统的需求。科研机构需要确定要监控的风险类型，这些风险可能涉及人员安全、实验室安全、知识产权、预算控制等各个方面，并且要细化各监控类型的风险预警具体内容。科研机构还需要考虑风险来源，比如实验室操作、设备维护、人员行为等，以及风险频率，比如需要每日、每周或每月监控。

其次，科研机构需要确定"风险预警"系统的目标，以便于对系统的效果和价值进行评估。目标可能包括提高实验室安全性、预防资金损失、保护知识产权等。

总之，明确"风险预警"的需求和范围是建设"风险预警"系统的第一步，这也是确保"风险预警"系统开发成功的关键。只有清楚了系统的需求和范围，才能制定对应的预警规则模型或者策略以及应对措施，为后续的工作做准备。

2. 数据采集并预处理

待"风险预警"模块有了明确的需求后，需要进一步分析实现具体功能所依赖的数据，包括明确数据来源、采集方式、处理过程、质量控制等。

首先，根据"风险预警"系统的需求，确定需要监控的数据源，包括内部系统、外部数据服务商、互联网等。根据数据源的特点和数据的获取方式，选择合适的数据采集方式。针对每个数据源，设计数据采集流程，明确数据的获取频率和时间点。考虑数据的增量采集和全量采集，以及数据的实时性和准确性要求。确保数据采集过程的安全性和稳定性，包括数据传输的加密和身份验证措施。

其次，在数据采集后，需进行数据预处理，清洗和准备数据供后续分析和预警使用。通过数据清洗，对数据进行格式化和标准化，确保数据的一致性和可比性。通过进行数据转换和归一化操作，确保数据符合"预警系统"的分析和处理需求。

通过以上方式，可获取高质量的模型训练数据，为后续的数据分析和风险预警提供可靠的数据支撑。如果所在科研机构信息化系统是基于"平台＋大脑"的架构，实际上，数据采集的工作通常由数据平台或数据中台模块负责。这些模块的责任是提供数据采集的基础设施和功能，以支持各个业务模块或应用模块的数据采集需求。

3. 分析和预警设计与实现

首先针对上一步中得到的数据，进行数据分析和建模。在前一阶段中，对于数据的规律和趋势尚不明确，因此根据"风险预警"系统的需求，选择合适的数据分析方法和算法，如统计分析、机器学习、数据挖掘等，通过对数据的探索和建模，发现数据中的潜在规律、趋势和关联关系。

根据分析的结果，再设计预警规则或者模型。根据业务需求和风险类型，制定预警规则，如阈值设定、异常检测规则等。如果需要更复杂的预警模型，可以应用机器学习算法进行模型训练和优化，以识别潜在的风险信号。

再进一步，将分析和预警结果以可视化的方式展示出来，便于用户理解和决策。同时，将预警结果传递给相关人员或其他系统，以便及时采取相应的应对措施。

此外，"风险预警"系统不仅要提供预警信息，还要支持预警响应和决策。根据风险的严重程度和紧急程度，提供相应的应对措施和决策建议。将预警结果与业务流程和决策系统集成，支持相关人员进行及时响应和决策。

4. 功能测试和优化

"风险预警"模块开发完成之后，还需要对系统进行测试和优化，这是开发完成后的重要阶段。

首先进行功能测试，对"风险预警"系统的各项功能进行验证和测试，以确保系统在不同场景下的正常运行。功能测试的主要目标是验证系统是否满足预先设定的需求和功能要求。其次，进行性能测试，评估"风险预警"系统在高负载和复杂场景下的性能表现。最后还需要对预警结果进行评估和优化，以提高系统的准确性和效果。通过监测和分析预警的命中率、误报率等指标，评估预警的有效性。根据评估结果，优化预警规则和模型，不断改进系统的预警能力。

总之，"风险预警"系统的建设过程需要从需求分析、系统设计、数据采集预处理、数据分析预警、系统运行和维护等多个方面展开。在建设过程中，需要围绕业务场景，明确目标，确定系统范围和框架，同时考虑数据质量和数据安全等问题。在系统实施后，需要持续对系统进行优化和改进，保证系统的稳定性和可靠性，提高系统的预警准确性和有效性。

7.1.4 应用案例——智慧监督预警模块

之江实验室根据"数字大脑""风险预警"模块的建设方法，从实际业务需要出发，建设了一批预警模块，包括科研项目过程风险提示、园区安防风险提示、网络攻击预警、合同风险预警、能耗异常预警等功能，在之江实验室的科研项目管理、科技成果管理、人才管理、园区管理等方面起到了非常重要的作用。

　　以之江实验室智慧监督预警模块为例，如图 7-2 所示，它是连接实验室各部门监督的桥梁和通道，打通了智慧监督的"最后一公里"。通过实验室数据中台，接入采购、科研、劳务费、财务、食堂、工程项目、报销、监督视频等数据资源，提高了数据的一致性、精准性、完整性，实现了实验室各部门全面监督，同时减少了以往纪检部门发现问题的时间成本。模块建成后极大地提升了实验室的动态分析、实时监督、精准监督、提前预警能力，提高了监督效能。

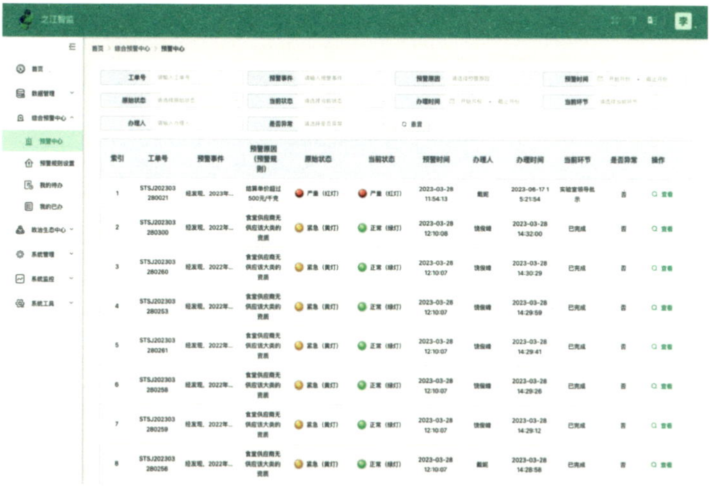

图 7-2　之江实验室智慧监督预警模块

　　它具有以下特点。

　　精准监督：精准查找监督目标，助推解好实验室治理的"方程式"，找准问题发生的根本性、制度性、源头性原因。强化数据分析，推进建设各类数据信息全纳管，开展动态分析，推进精准监督。

　　主动监督：动态监控，及时预警，发现苗头性、倾向性问题，抓早抓小主动作为，从而达到深化监督的目的，有效推动实验室日常监督工作的开展。

实时监督：实时更新数据和比对数据，第一时间掌握相关信息，发出预警。

全面监督：记录和整合各方数据，实现数据全覆盖，全面建立人员—事件—财物关联性（以实验室工作人员为核心，建立工作人员与事、物的关联性），全面采集与备份食堂采购和物资管理、小额多笔、工程项目、监督视频等数据，围绕具体事项，建立多维度的分析比对模型，及时发现相关问题。

智慧监督预警模块充分整合了财务资产部、科研发展部、人力资源部、条件保障部等各部门应用系统的结构化数据、图像数据、视频数据等资源，实时、在线、真实地掌握现场情况，为实时可视化进行指挥调度提供有力支撑；摒弃繁多、不变的文稿，将各类数据分析挖掘处理，形成有效的数据可视化平台，以智慧大屏+Web的方式向实验室工作人员直观呈现。同时智慧监督预警模块的建成，加大了对各部门的监督力度和深度，营造以廉政、高效、全面为主的管理氛围。

之江实验室智慧监督预警模块的建成，提升了实验室层面对于相关人、事、物的监管能力，使管理动作前置，实现从事后被动补救到事前主动预防的转变，实时对人、事、物进行监测，发现异常情况及时预警、报警并进行处理，通过数据云图可视化，清晰有效地传达与沟通信息，强化统筹，协同推进，实现建设应用效能最大化，切实提升实验室现代化治理水平；通过平台数据直观展示，抓住重点，精准开展监督检查，提高工作人员办事效率。

7.2 "全景画像"功能建设

7.2.1 "全景画像"功能定义及功能举例

"全景画像"是指在科研机构治理"数字大脑"中的一种综合性信息展示模块，通过整合多个维度的数据和信息，全面呈现科研机构内特定事物（如科研、项目、组织、干部、员工、园区等）的多个方面和细节信息，以促进全面了解、深入分析和智能决策。科研机构中的常见全景画像功能如表7-2所示。

表7-2　科研机构常见"全景画像"功能举例

序号	"全景画像"类型	功能描述
1	运行成本	●统一全成本口径，制定成本结构和取数逻辑 ●编制研究中心成本分析报表和报告
2	科研项目	●正在进行的科研项目的总数和概述 ●重要研究领域和领域内的关键项目 ●科研项目的预算和资金分配
3	人员和团队	●机构内的研究人员和工作人员的概况，包括数量、专业领域和经验 ●人员的培训和发展计划
4	财务	●财务状况概览，包括总收入、总支出、预算执行情况等 ●财务趋势分析和预测
5	科研机构资源	●科研机构资源设施情况，包括设备、仪器和资源 ●资源的利用率和资源管理
6	科研成果和知识产权	●过去一段时间内的科研成果概述，如发表的论文、专利等 ●知识产权管理和技术转移活动
7	合作伙伴	●与其他科研机构、产业界、政府部门或国际组织的合作伙伴关系概述 ●合作项目和联合研究活动

在科研机构治理"数字大脑"中,"全景画像"模块通过数据采集、整合和分析,将涉及的各种数据源(如内部系统、外部数据源、调研报告、统计数据等)进行融合,并以可视化的方式展示出来。"全景画像"以多维度、立体化的方式呈现事物的背景资料、组织结构、业务领域、项目进展、资源分配、业绩评估、合作伙伴关系、风险管理等关键信息,使管理者能够深入了解事物的全貌和特征。

"全景画像"模块不仅提供静态的信息展示,还具备智能分析和决策支持的功能。通过数据分析、模型计算和算法应用,"全景画像"能够帮助管理者进行全面的数据挖掘、趋势预测、关联分析和优化决策,为科研机构的规划、资源配置、项目管理、创新研究等提供科学依据。

总之,"全景画像"作为科研机构治理"数字大脑"的一个重要模块,通过整合多维度的数据和信息,以可视化方式呈现特定事物的全面信息,为管理者提供全面了解、深入分析和智能决策的支持。

7.2.2 "全景画像"功能建设目标

"全景画像"功能的建设目标是为科研机构提供一个全面、立体的信息展示和决策支持工具。其建设的目标包括以下内容。

(1)全面了解事物:通过"全景画像",科研机构能够全面了解特定事物(如科研、项目、组织、干部、员工、园区等)的多个方面和细节信息。它提供背景资料、组织结构、业务领域、项目进展、资源分配、业绩评估等关键信息,有助于深入了解事物的特点、优势、挑战和潜力。

(2)深入事物本质:"全景画像"结合科研机构的特点,不仅提供信息展示功能,还具备智能分析和决策支持的功能。通过数据挖掘、趋势预测、关联分析和优化决策，"全景画像"帮助科研机构深入分析数据，发现问题、机会和趋势，为规划、资源配置、项目管理等决策提供科学依据。

（3）提升管理创新："全景画像"的建设目标还包括提升科研机构的工作效率和创新能力。通过提供全面、立体的信息视图，"全景画像"能够帮助管理者快速获取关键信息、识别问题和挑战，并支持迅速的决策和行动。它促进团队协作、知识共享和创新研究，提升科研机构的管理创新能力。

通过这些目标的实现，科研机构的"全景画像"将成为一种综合性信息展示和智能决策支持工具，能够充分满足科研机构的特点和需求，提升全面了解、深入分析、智能决策和创新发展的能力。

7.2.3 建设"全景画像"模块的实施步骤

"全景画像"模块的建设需要紧紧围绕科研机构的实际需求，以问题为导向，以解决问题为目标，整体按以下步骤进行建设，确保建设的有效性和可行性。图7-3所示为建设"全景画像"模块的实施步骤。

图7-3　建设"全景画像"模块的实施步骤

第一步：确定需求和目标。首先，与科研机构的管理团队和利益相关者合作，确定系统需求，明确"全景画像"的对象以及需要包含的维度和信息。

第二步：数据收集与整合。收集"全景画像"关注的事物所涵盖多个维度的数据，包括但不限于组织内部数据、外部数据源等。这些数据可能包括园区信息、项目进展、组织结构、干部履历、科研成果等。通过数据整合和清洗，确保数据的质量和准确性。

第三步：数据分析与可视化。对收集的数据进行分析和处理，提取有价值的信息和关联关系。根据"全景画像"的需求，选择合适的数据可视化工具和技术，将数据转化为直观、易于理解的图表、图形和仪表盘，以展示"全景画像"。

第四步：功能测试和优化。在"全景画像"模块的建设过程中，进行系统测试和用户测试，以确保功能的正常运行和用户体验的质量。根据反馈和实际使用情况，不断优化和改进"全景画像"。

下面将前三步进行展开叙述。

1. 确定需求和目标

确定需求和目标是"全景画像"模块建设的第一步，它需要与科研机构的管理团队和利益相关者密切合作，以确保建设的有效性和成功实施。在这一步骤中，首先与管理团队进行沟通和合作，深入了解他们对"全景画像"的期望和需求。了解科研机构的特点，包括组织结构、业务流程和决策需求。然后，与利益相关者进行讨论，通过与他们的交流，了解他们的具体需求和目标。这有助于明确"全景画像"模块所要涵盖的范围和内容。

在定义"全景画像"的范围和内容时，需要明确展示的事物，如科研、项目、组织、干部、员工、园区等。同时，明确需要包含的维度和信息类型。例如，对于园区信息，可以包括园区规模、设施设备、环境指标等方面的数据；对于项目信息，可以包含项目进展、预算情况、合作伙伴等数据；对于组织信息，可以包含部门结构、人员编制、人力资源指标等数据；对于干部信息，可以包含干部履历、培训记录、业绩评价等数据。这有助于确定"全景画像"模块所需收集和展示的数据。

最后，考虑"全景画像"模块的主要用户群体，如管理者、决策者、部门负责人等，并深入了解他们的使用需求和使用场景。这有助于确定"全景画像"模块应该提供的具体信息、分析功能和交互方式，以满足用户的实际使用需求。

通过明确需求和目标，确保最终建设出的"全景画像"能够充分满足科研机构的需求，为管理和决策提供全面了解、深入分析、智能决策的服务。

2. 数据收集与整合

数据收集与整合是建设"全景画像"模块的第二步，它需要根据需求系统性地收集和整合事物相关的多个维度的数据，以确保"全景画像"的全面性和准确性。

首先，基于上一步骤已经明确展示的事物，以及需要包含的维度和信息类型，进行数据采集和整合工作，并确保数据的准确性和时效性。根据确定的数据范围和内容，制订数据采集计划，包括数据采集方法、采集频率和责任人。对于内部系统数据，可以通过 API 接口或数据库查询进行数据提取；对于外部数据源，可能需要进行数据订购或爬虫抓取，确保数据采集的准确性和时效性。

然后，进行数据清洗和处理，以提高数据质量。对采集到的数据进行验证、去重、填充缺失值和纠错等处理，确保数据的一致性和完整性。这可以使用数据清洗工具和技术来辅助进行数据清洗和处理。

在数据整合方面，根据数据的关联关系和业务需求，将不同来源、不同格式的数据进行整合和合并。这可能涉及数据的转换、映射和统一标准等工作。

通过系统性的数据收集与整合，能够获取全面、准确的数据资料，为"全景画像"模块提供可靠的数据基础。需要注意的是，在数据收集和整合过程中，要遵守相关的数据保护法律和隐私政策，采取适当的数据安全措施，如数据加密、访问控制和身份验证等，保护数据的安全和相关隐私。

3. 数据分析与可视化

数据分析与可视化是"全景画像"模块建设的重要步骤，它旨在通过对收集到的数据进行深入分析，为科研机构管理人员提供直观、易于理解的信息呈现，以支持决策和管理。

在数据分析阶段，可以利用统计分析、数据挖掘和机器学习等方法，从收集到的多维数据中提取有价值的信息和关联关系。例如，在科研机构的组织结构数据中，通过对干部编制、人员流动和绩效评价等指标进行分析，可以揭示出各个部门的组织结构效率、人力资源配置情况以及人员潜力等方面的信息。

一旦数据分析完成，就可以将分析结果转化为直观、易于理解的图表、图形和仪表盘。比如，通过柱状图展示不同项目的进展情况和预算执行情况，可以帮助管理团队直观地了解各个项目的状态和资源利用情况。利用折线图展示科研成果的趋势变化，可以帮助管理者了解科研成果的增长趋势，判断科研方向的有效性和研究重点的调整需求。

数据分析与可视化的目标是将复杂的数据转化为直观、易于理解的信息，帮助科研机构的管理团队和利益相关者更好地理解数据、发现问题和机会，并做出准确的决策。

7.2.4 应用案例——"组织健康度"

之江实验室根据"数字大脑""全景画像"模块的建设方法，从实际业务需要出发，建设了一批"全景画像"模块，包括科研能力供需地图、人才盘点、科研项目画像、园区能耗画像、团队成效分析、合作生态地图、组织健康度等，在之江实验室内部提供了一个全面、立体的信息展示和决策支持工具。

"全景画像"组织健康度模块主要是为了解决之江实验室快速扩张下评估人才结构与人才质量与实验室的发展是否吻合的问题，以及解决无法量化、可视化的问题。目前组织健康度模块已经实现了人才质量、人才结构、人才竞争力、人均成果、元均成果等多个维度的画像，如图7-4至图7-8所示。其中：人才质量包含成熟度、顶尖院校人才占比、博士后占比、博硕比等多个维度；人才结构包括骨干人才、核心人才、专家人才等多个维度；人才竞争力又包含出入比、关键人才离职等多个维度。将这些数据作为组织的评价元素，并以可视化的方式展现出来，让管理团队能够直观地了解人才管理的整体情况和趋势。

利用"全景画像"组织健康度模块，通过组织现状可视化，并结合量化分析，明确研究院/中心各组织内潜在的问题，抓住重点进行管理优化，完善人才管理体系。针对各组织的发展阶段与现状，制定差异化的重点工作方案，形成常态化监控，及早发现潜在问题并采取预防性的措施。例如，通过引入离职预警机制，实验室可以更好地预测和应对核心人才的离职风险，采取相应的留才措施，从而增强核心人才的保留力度。

图 7-4 组织健康度——人才质量画像

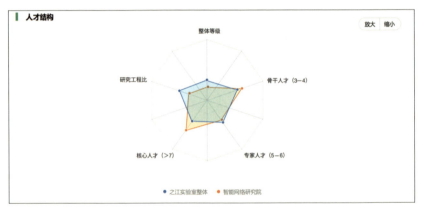

图 7-5 组织健康度——人才结构画像

图 7-6 组织健康度——人才竞争力画像

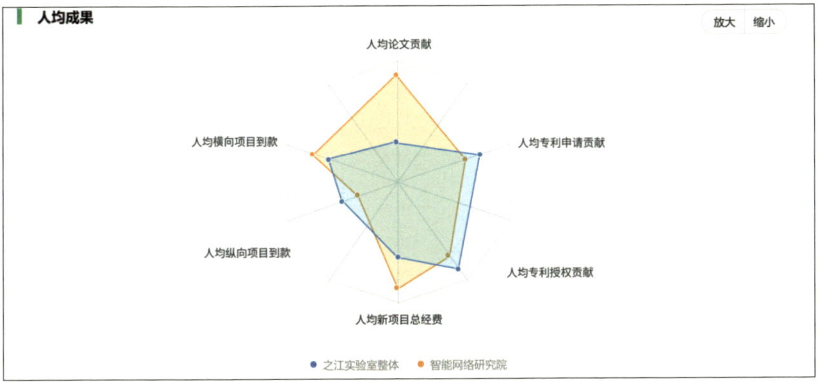

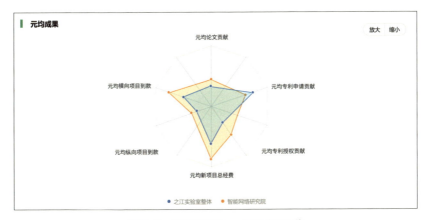

图 7-7　组织健康度——人均成果画像

图 7-8　组织健康度——元均成果画像

7.3 "预测预报"功能建设

7.3.1 "预测预报"功能定义及功能举例

"预测预报"是指利用数字化技术、数据分析和模型构建方法，基于现有数据和相关信息，对科研过程管理、人员管理、采购管理、园区管理等各个方面的问题进行未来趋势、结果或发展方向的预测。

"预测预报"旨在通过整合和分析大量的数据和信息，为科研机构提供关于决策问题的预测和指导，以支持科研决策、规划和资源分配。科研机构中常见的"预测预报"功能如表7-3所示。

表7-3 科研机构常见"预测预报"功能举例

序号	"预测预报"类型	功能描述
1	项目进展预测	●预测科研项目的进度和完成日期，以及可能的延误 ●基于历史数据和当前进展，提供项目完成时间线的预测，帮助决策者及早采取行动以避免延误
2	预算执行预测	●预测科研项目和机构预算的执行情况 ●基于实际支出和收入数据，提供年度预算执行预测，帮助管理层做出财务规划和资源分配决策
3	资源需求预测	●预测科研项目和实验室的资源需求，包括资金、设备和材料 ●帮助规划资源分配，以满足未来项目的需求，避免资源短缺
4	人才招聘和流动趋势预测	●预测科研人员的招聘需求和人才流动趋势 ●帮助机构计划人员招聘、培训和发展策略，以满足未来的需求
5	采购需求和供应链管理	●预测实验材料和设备的采购需求，避免采购过度或不足 ●监测供应链风险，提前预测供应问题，确保物资供应的稳定性
6	风险管理和危机预警	●预测潜在的风险和危机事件，如数据安全问题或自然灾害 ●提供应急预案和危机管理策略，以降低风险

"预测预报"在科研机构中扮演着重要的角色，可以帮助科研管理人员、职能部门管理人员、园区管理人员预测科研项目的进展情况，评估资源需求和分配，预测团队成员的绩效表现，预测采购需求和预算规划，以及推断园区设施利用率等。这样的预测和预报有助于科研机构做出明智的决策，提高管理效率和决策质量，推动科研机构的发

展和创新。

7.3.2 "预测预报"功能建设目标

科研机构进行"预测预报"功能的建设，目标是为科研机构的决策和管理提供准确、可靠的预测结果和指导，具体包括以下内容。

（1）提高科研效率和成果质量：通过"预测预报"功能，科研机构可以识别科学研究的发展方向、前沿领域和潜在机会，优化科研项目的规划和资源配置，提高科研效率和成果质量。

（2）提升人才管理能力和效率：预测科研机构的人才需求和人员流动情况，包括招聘、晋升、留用等方面。通过"预测预报"功能，科研机构可以了解未来的人才供需状况，优化人才招募策略和人员培养计划，提高人才的匹配度和科研效能。

（3）提升成果管理能力：预测科研机构的研究成果和技术产出，包括论文发表、专利申请、科研项目成果等方面。通过"预测预报"功能，科研机构可以评估科研项目的成果质量和潜力，优化成果管理策略和知识产权保护，促进科研成果的转化和商业化应用。

（4）提升财务管理能力：预测科研机构的财务状况和资金需求，包括研究经费的分配和使用情况。通过"预测预报"功能，科研机构可以规划和管理财务预算，优化资源配置和资金筹措，确保科研活动的持续性和稳定性。

（5）提高园区管理水平：预测科研机构园区的设施利用率、资源消耗情况和环境影响。通过"预测预报"功能，科研机构可以优化园区规划和资源管理，提高设施利用效率和节能减排水平，营造良好的科研工作环境。

总之，"预测预报"功能，可以使科研机构充分利用现有数据和信息，通过数据分析和预测模型，为科研机构提供准确的预测结果和决策支持，促进科研机构的数字化管理变革。

7.3.3 建设"预测预报"模块的实施步骤

"预测预报"模块的建设需要紧紧围绕科研机构的实际运行和管理需求，以问题为导向，整体按以下步骤进行建设（如图7-9所示），确保建设的有效性和可行性。

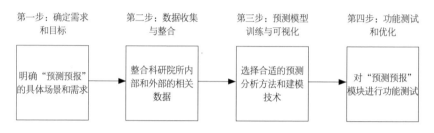

第一步：确定需求和目标　　第二步：数据收集与整合　　第三步：预测模型训练与可视化　　第四步：功能测试和优化

| 明确"预测预报"的具体场景和需求 | 整合科研院所内部和外部的相关数据 | 选择合适的预测分析方法和建模技术 | 对"预测预报"模块进行功能测试 |

图7-9　建设"预测预报"模块的实施步骤

第一步：确定需求和目标。与科研机构的管理团队和利益相关者进行沟通，明确"预测预报"的具体场景和需求，了解科研机构的管理痛点、决策需求以及相关数据的可用性。

第二步：数据收集与整合。基于收集的预测需求，整合科研机构内部和外部的相关数据，并确保数据的准确性和完整性，以便后续的分析和建模。

第三步：预测模型训练与可视化。基于收集到的数据，选择合适的预测分析方法和建模技术，如统计分析、机器学习、人工智能等，建立预测模型。并最终将预测结果进行可视化展示，使预测结果更易于理解和应用。

第四步：功能测试和优化。对预测预报模块进行功能测试，验证其在真实环境下的稳定性和准确性。根据测试结果，进行功能优化，改进模型的算法、参数设置和数据处理等,以提升"预测预报"的效果和性能。

通过以上步骤,科研机构可以建设具备预测预报功能的"数字大脑",为科研机构的决策和管理提供准确、可靠的预测结果和指导。这将有助于科研机构在科研方向选择、人才管理、成果管理、园区管理、财务管理等方面做出更明智的决策。

下面进行展开叙述。

1. 确定需求和目标

确定需求和目标是"预测预报"功能建设的第一步。这一阶段的关键是与科研机构的管理团队和利益相关者进行沟通和合作,以全面了解科研机构在预测预报方面的管理需求和问题。

在与管理团队沟通的过程中,收集他们的意见和期望,深入了解科研机构在预测预报方面的管理痛点和决策需求。这可能包括科研项目管理、人才管理、成果管理、园区管理、财务管理等。通过深入分析和讨论,确定"预测预报"功能的具体领域和目标,如提高决策准确性、优化资源利用、降低风险等。同时还需要明确对应需求的预测预报功能相关数据的可用性。

在此基础上,制定详细的计划和策略。这包括确定需要预测问题的优先级,确定预测的时段和频率,以及预测的粒度和层级。此外,还需要进行风险评估,识别潜在的风险和挑战,并制定相应的应对策略,以确保"预测预报"功能的可靠性和有效性。

总之,确定需求和目标是"预测预报"功能建设的关键步骤,需要与科研机构的管理团队和利益相关者紧密合作,全面了解科研机构的管理需求和问题,并制定相应的计划和策略,以确保建设的"预测预报"功能满足科研机构的实际运营和管理需求。

2. 数据收集与整合

数据收集与整合是 "预测预报" 功能建设的基础步骤，旨在获取、整合和准备与 "预测预报" 功能相关的数据，以支持后续的分析和建模工作。

首先，基于第一步中收集到的需求进行深入分析，明确实现这些需求所需的数据类型和来源。这可能包括科研项目的历史数据、人员管理的人才信息、成果管理的发表论文和专利数据、园区管理的资源利用数据等，确保涵盖了科研机构运营和管理的各个方面。

其次，建立适当的数据收集机制和流程。这可能包括制定数据采集标准和规范，需要科研机构所在的信息技术团队充分配合，设置数据收集系统和数据库，确保数据的规范采集、存储和管理。

一旦数据收集完成，就需要进行数据清洗和预处理的工作，以提高数据的质量和准确性。这包括处理缺失值、异常值、重复数据等，确保数据的一致性和完整性。同时，还需要对数据进行格式转换和统一，以便后续的分析和建模。

此外，为了保证 "预测预报" 的及时性，需要关注数据的时效性和更新频率。对于一些快速变化的数据，如项目进度、人才流动等，需要确保数据的及时更新，以反映最新的情况，为预测模型的训练和分析提供可靠的数据基础。

3. 预测模型训练与可视化

预测模型训练与可视化是 "预测预报" 功能建设的关键步骤，旨在基于收集到的数据，根据需求选择合适的预测分析方法和建模技术，建立可靠的预测模型，并将其结果以可视化的方式呈现出来，以便科研机构更好地理解和应用预测结果。

首先，根据前面收集到的数据，选择恰当的预测模型，进行模型的训练。常见的预测模型包括回归分析、概率估计、时间序列、机器学习等几大类。其次，将整个数据集分为训练集、验证集、测试集。训练集用来训练预测模型，通过尝试不同的方法和思路使用训练集来训练不同的预测模型，再通过验证集使用交叉验证来挑选最优的模型。通过不断的迭代来改善模型在验证集上的性能，再通过测试集来评估模型的性能。

完成模型训练后，接下来是将预测结果以可视化的形式呈现出来，使其更加直观和易于理解。可视化可以采用图表、图形、地图等方式，根据预测目标的特点选择适当的可视化方法。通过可视化，科研机构的管理团队和决策者能够更清晰地看到预测结果的趋势、关联性和潜在的影响因素。此外，可视化还可以帮助发现数据中的模式、异常和趋势，从而提供更深入的观察角度。通过与其他数据进行交叉分析，科研人员可以发现不同变量之间的关系，探索可能的因果关系，并进行更准确的预测。

总之，预测模型训练与可视化是"预测预报"功能建设中的重要步骤。通过训练合适的模型并以可视化的方式呈现预测结果，科研机构能够更好地理解和应用这些预测结果，从而支持决策和管理过程。

4.功能测试和优化

在"预测预报"功能的建设中，第四步是功能测试和优化，旨在验证"预测预报"功能在真实环境中的稳定性和准确性，并对功能进行优化以提高其性能和效果。

首先，进行功能测试，将已建立的预测模型和"预测预报"功能应用于实际场景中。这可以通过使用实际数据来验证模型的预测能力和准确性。测试过程中需要关注预测结果的准确性、稳定性和实用性，与实际情况进行比较和验证。测试过程中，可以采用多种评估指标和方法来衡量预测结果的质量。常见的评估指标包括均方根误差（RMSE）、平均绝对误差（MAE）、准确率、召回率等。通过对评估指标的分析，可以判断模型的表现，并确定需要进行的优化方向。

基于测试结果，进行功能优化。根据测试过程中发现的问题和模型的性能瓶颈，采取相应的优化措施。这可能涉及调整模型的参数设置、改进数据预处理方法、优化特征工程、增加训练数据量等。优化的目标是提高预测模型的准确性、稳定性和鲁棒性。此外，还可以利用反馈机制和收集的用户意见来获取用户对"预测预报"功能的评价和建议。通过与科研机构的管理团队和利益相关者的沟通，了解他们对功能的满意度和需求，进一步优化和改进"预测预报"功能，以更好地满足实际使用的要求。

在功能测试和优化阶段，需要进行反复的迭代和实验，不断改进和优化"预测预报"功能，以确保其在实际应用中的稳定性和准确性。

7.3.4 应用案例——"能耗预算预测"

之江实验室根据"数字大脑""预测预报"模块的建设方法，从实际业务需要出发，建设了一批"预测预报"模块，包括食堂就餐排队预测、能耗预算预测等，用于提升园区管理水平，营造良好的科研工作环境。

众所周知，能耗预算管理是能耗量化管理系统中的重要组成部分。以能耗预算预测为例，之江实验室每年需要支出上千万元的能耗费用，因此对能耗进行精准管控具有非常可观且实际的经济效益。"能耗预算预测"能帮助之江实验室准确估计和管理未来能源消耗，并可用于能源管理和节能减排的决策支持。通过准确预测未来的能耗水平，可以制定合理的能耗预算，优化能源消耗策略，并提前采取节能措施。另一方面，通过对比理论到达值和实际能耗发生值之间的偏离，还能帮助主动发现与预算值偏差比较大的楼栋或者能耗项目，从而精确有效地实施节能手段。

　　之江实验室在能耗预算预测中，创新性地使用了动态预算与静态预算结合的方式。静态预算用于制定年度总预算，通过采集各个分项的历史能耗数据以及历史天气情况，对预测模型训练后，实现未来一年逐月分项的预算。而动态预算主要用于日常预算的管控，利用历史能耗数据和未来的天气数据，通过预测算法实现未来一周的逐日预算。在实际操作过程中我们发现，由于动态预算中引入了未来室外天气参数，从月的维度来看，日常管控预测值更符合实际变化趋势，如图7-10所示。

图 7-10　预算管控值、目标值、实际值的趋势图

　　在能源预算中，还引入了黑盒算法模型与白盒业务模型。当历史

能耗数据和天气参数进入黑盒模型后，首先会进行能耗与温度相关性分析，然后进入业务白盒，判断分项类型（包括刚性分项和弹性分项，弹性分项又分为制热分项、制冷分项、综合分项和其他分项），根据分项特征进行识别，比如波动异常、非用能季节异常用能、基于室内环境指标的异常点、过度供冷/供冷不足等特征。再将全年分段划分，分为制冷季、制热季、过渡季等。再回到黑盒模型继续自动适配机器学习算法实现分段预测值的输出。

能耗预算预测使得能耗预算编制更加准确，便于考核。通过预算预测实现自动生成定额，降低了预算制定的难度，降低了对相应编制人员的要求，缩短了定额制定时间。

7.4 "动态指数"功能建设

7.4.1 "动态指数"功能定义及功能举例

"动态指数"是科研机构治理"数字大脑"中的重要模块之一，它是基于科研机构内外部的相关数据和指标，用于实时监测和评估科研机构的运行状况、科研活动的进展以及相关环境因素的变化。该模块通过收集、整合和分析与科研机构运行相关的数据，将其转化为具体的指标或指数形式，并通过可视化方式呈现，以帮助管理团队和决策者了解科研机构的整体情况、趋势和影响因素。科研机构中的常见动态指数功能如表7-4所示。

表7-4 科研机构常见"动态指数"功能举例

序号	"动态指数"类型	功能描述
1	科研项目进展指数	●用于监测和评估科研项目的进展情况 ●包括项目数量、状态、关键里程碑的达成情况等信息 ●通过可视化图表展示不同项目的进展
2	科研成果产出指数	●评估科研项目的成果产出，包括发表的论文数量、专利申请、技术转移等 ●可以根据项目的研究领域和目标来衡量 ●帮助评估项目的研究影响力和价值
3	项目风险评估指数	●用于识别和评估项目可能面临的风险，如预算超支、进度延误、技术挑战等 ●帮助管理层制定风险管理策略和计划
4	组织和个人绩效指数	●用于评估科研组织和人员的研究成果和贡献 ●包括发表的论文数量、被引用次数、专利申请、项目参与度等信息 ●识别和激励高绩效科研组织和人员
5	团队合作指数	●用于衡量科研人员在团队合作中的表现 ●包括合作项目数量、合作伙伴关系、团队交流频率等信息 ●帮助促进科研团队合作和协作
6	社会影响和科普指数	●衡量科研人员的社会影响和科普活动 ●包括科研成果的普及度、公众教育活动等信息 ●帮助评估科研人员的科学传播能力

"动态指数"模块的特点包括以下几个方面。

（1）实时性和动态性："动态指数"模块提供的数据和指标是实时更新的，以确保对科研机构运行状态的实时监测和评估。它可以随着数据的变化而动态调整和更新指标，及时反映科研活动的最新情况。

（2）综合性和多维度："动态指数"模块可以综合多个相关领域的数据和指标，从多个维度全面评估科研机构的运行情况。它可以考虑科研项目进展、人才队伍管理、财务状况等方面的数据，并综合分析它们之间的关系。

（3）可量化和可视化："动态指数"模块将数据转化为具体的指标或指数，以数值的方式表示，便于量化和比较。同时，它通过可视化的方式呈现指标和趋势，使管理团队和决策者能够更直观地理解和掌握科研机构的整体情况。

通过建设"动态指数"模块，科研机构可以实现对运行状况的实时监测和评估，及时发现潜在问题，并基于数据进行决策和改进。这将为科研机构提供有力的支持，促进科研活动的高效运行和持续发展。

7.4.2 "动态指数"功能建设目标

科研机构治理"数字大脑"建设"动态指数"的目标是通过实时监测和评估科研活动、园区管理和人才管理，为决策和规划提供数据支持，促进持续改进和创新。其具体的建设目标包括以下方面。

（1）实时监测和评估科研活动："动态指数"模块旨在实时监测和评估科研机构的科研活动，包括科研项目的进展、成果产出、论文发表等。通过实时数据的收集和分析，管理团队能够及时了解科研活动的状态和趋势，发现潜在问题并采取相应的措施。

（2）人才管理绩效评估："动态指数"模块将关注科研机构的人才管理绩效，包括人才招聘与留任、培养与发展、科研团队构建等方面。通过收集和分析人才相关的指标和数据，管理团队可以评估人才管理的效果，发现人才培养和管理的问题，并提供相应的改进措施，以促进科研团队的发展和创新。

（3）综合评估园区管理："动态指数"模块还将关注园区管理方面的指标和数据，包括园区资源利用情况、设施设备状况、环境安全等。通过对园区管理的综合评估,管理团队可以了解园区的整体运行状态,发现问题并进行改进,提高园区的智能化管理水平。

(4)提供辅助决策支持和规划:"动态指数"模块的数据和分析结果能够为科研机构的决策提供有力支持。通过可视化呈现,管理团队和决策者可以更直观地了解科研机构的整体情况和趋势,从而做出准确的决策和规划。例如,在项目立项决策、人才培养规划、资源配置等方面,"动态指数"模块能够提供多维度的量化参考依据。

通过建设"动态指数"模块,科研机构能够全面了解自身的运行状态和趋势,及时发现问题并采取相应措施,以不断提升科研能力、园区管理能力,促进人才发展,实现科研机构的可持续发展。

7.4.3 建设"动态指数"模块的实施步骤

"动态指数"模块的建设需要紧紧围绕科研机构的实际运行和管理需求,以问题为导向,整体按以下步骤进行建设(如图7-11所示),确保建设的有效性和可行性。

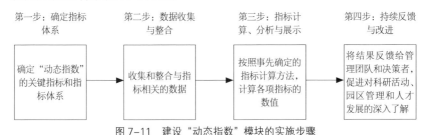

图 7-11 建设"动态指数"模块的实施步骤

第一步,确定指标体系。与科研机构管理团队和利益相关者合作,确定"动态指数"的关键指标和指标体系。这包括科研活动、园区管理和人才管理等多个维度的核心指标,以量化和衡量科研机构的绩效、效率和创新能力。

第二步,数据收集与整合。收集和整合与指标相关的数据,涵盖科研项目数据、园区运营数据、人才信息、财务数据等。确保数据的准确性和完整性，以便后续的指标计算和分析。

第三步，指标计算、分析与展示。基于收集到的数据，按照事先确定的指标计算方法，计算各项指标的数值。进一步，通过指标之间的关联分析和趋势分析，揭示科研机构的运行状态和发展趋势。将计算和分析得到的指标结果进行可视化展示，以便管理团队和决策者能够直观地理解和识别关键信息。

第四步，持续反馈与改进。将 "动态指数" 的结果反馈给科研机构的管理团队和决策者，促进其对科研活动、园区管理和人才发展的深入了解。根据指标结果，进行问题分析和评估，提出改进措施，并持续监测和评估改进的效果。

通过以上步骤，科研机构能够建立起 "动态指数" 的框架和机制，实现对科研活动、园区管理和人才管理的实时监测和评估。这为决策和规划提供了数据支持，促进科研机构的持续改进和创新。

下面进行展开叙述。

1. 确定指标体系

在科研机构治理 "数字大脑" 建设的 "动态指数" 模块中，确定指标体系是一个重要的步骤。该步骤旨在与科研机构的管理团队和利益相关者紧密合作，以确定适用于科研机构的关键指标和指标体系。

在确定指标体系时，首先需要进行深入的需求分析和讨论。与科研机构的管理团队和利益相关者进行沟通，了解他们对科研机构运行状况和目标的关注点和需求。通过这些讨论，可以获取对科研机构的关注领域和核心业务的理解。

基于需求分析的结果，可以开始确定关键指标。这需要对科研机构的运行和管理进行全面的审视，识别与其运行状况、科研活动进展和环境因素变化相关的核心指标。这些指标应能够量化和衡量科研机构的绩效、效率和创新能力。

在确定指标时，需要考虑多个维度，如科研项目进展、人才队伍管理、财务状况等。这样可以确保指标体系从多个角度全面评估科研机构的运行情况。同时，指标的选择应基于科学性、可衡量性和可比性的原则。

确定指标后，还需要明确每个指标的计算方法和权重。指标的计算方法应该能够准确反映实际情况，并与科研机构的目标和需求保持一致。权重的确定可以基于指标的重要性和影响力进行权衡，以确保指标体系的合理性和准确性。

2. 数据收集与整合

在这一步骤中，需要收集和整合与科研机构运行相关的数据，以提供有效的指标计算和分析基础。

数据收集是指根据确定的指标体系，从各个来源和渠道获取与科研机构运行相关的数据。这些数据可以包括科研项目数据、园区运营数据、人才信息、财务数据等。数据可以通过内部系统、数据库、调查问卷、报告和其他信息源获取。

在数据收集过程中，需要确保数据的准确性和完整性。这可以通过与相关部门和人员合作，并进行数据验证和核对来实现。对于缺失或不完整的数据，可以采取数据补充或修复的措施，以提高数据的质量。

数据整合是指将收集到的各类数据进行整合和合并，以建立一个统一的数据集，并确保数据的一致性和可用性，使得数据能够更好地用于指标计算和综合分析。

3.指标计算、分析与展示

指标计算、分析与展示是科研机构治理"数字大脑"中"动态指数"模块建设的核心环节。在这一步骤中,通过对收集到的数据进行计算、分析和可视化展示,将数据转化为具体的指标或指数形式,相关人员可以更好地理解科研机构的运行情况和趋势。

指标计算是指将收集到的数据按照事先确定的计算方法转化为具体的指标或指数。这需要根据指标体系和指标定义,运用合适的数学模型和算法进行计算。例如,对于科研活动进展指标,可以计算科研项目的完成率、论文发表数量或专利申请数量等;对于人才队伍管理指标,可以计算人员流动率、人才结构比例或科研人员的绩效指标等。

在指标计算的过程中,需要考虑数据的权重和归一化处理,以确保不同指标之间的比较和综合分析的准确性和公平性。这可以通过赋予不同指标不同的权重或进行指标值的归一化处理来实现,使得各个指标的贡献度和影响力得到合理的体现。

指标分析是指对计算得到的指标进行进一步的关联分析和趋势分析,以揭示科研机构的运行状态和发展趋势。对指标之间的相关性和变化趋势进行分析,可以帮助了解不同指标之间的关系和影响,识别出可能存在的问题和优势,并为决策提供科学依据。例如,可以分析科研项目进展与人才队伍结构的关系,或者分析财务状况与创新产出之间的关联。

指标展示是将计算和分析得到的指标结果以可视化的方式进行展示,以便管理团队和决策者能更直观地理解和掌握科研机构的整体情况。通过可视化展示,可以呈现指标的趋势变化、不同维度之间的对比,使得管理团队和决策者能够更好地识别关键信息、发现问题和制定相应的决策和改进措施。

4. 持续反馈与改进

反馈与改进是科研机构治理"数字大脑"中"动态指数"模块建设的最后一个环节。在这一步骤中,将动态指数的结果反馈给科研机构的管理团队和决策者,促进对科研活动、园区管理和人才发展的深入了解。同时,根据指标结果进行问题分析和评估,提出改进措施,并持续监测和评估改进的效果。

反馈是指将动态指数的结果及时传达给管理团队、决策者以及相关用户。这可以通过定期的通知、消息,以及数据可视化工具等进行。通过直观和清晰的展示,向管理团队和决策者呈现科研机构的运行状况、趋势以及相关环境因素的变化。这样,管理团队和决策者可以从中获取关键信息,了解科研机构的绩效、效率和创新能力,从而做出有针对性的决策。

改进是基于指标结果进行问题分析和评估,并提出改进措施。通过对指标结果的深入分析,可以发现科研机构运营中的潜在问题、瓶颈和改进机会。例如,如果科研项目进展的指标较低,可以进一步分析导致此问题的原因,如资源分配不均衡、团队合作不够紧密等。然后,针对问题提出具体的改进措施,如加强资源管理、优化团队协作机制等。

持续监测和评估是确保改进措施有效性的关键环节。通过设立监测指标和周期,定期评估改进措施的实施情况和效果。这可以通过再次进行指标计算和分析来实现,以对比改进前后的数据和趋势变化。根据评估结果,进行反馈和调整,不断优化改进措施,使其更加适应科研机构的需求和实际情况。

7.4.4 应用案例——"办文指数"

之江实验室根据"数字大脑"中的"动态指数"模块的建设方法，从实际业务需要出发，建设了多个"动态指数"模块，包括办文指数、员工出勤指数等，对相关事务的关键指标进行量化，帮助管理团队快速了解之江实验室的相关情况。

"员工出勤指数"通过汇聚人脸、道闸、消费等多源数据，并结合出差、市内外勤、请休假、外出培训、补打卡等渠道的出勤数据，形成一个从个人到团队维度的多角度考勤量化指标。

"办文指数"主要是为解决之江实验室内部各单位之前办文规范性不强、及时性不够等问题，赋能实验室行政发文规范化管理。办文指数主要从公文格式、内容、流程及时效等角度，对实验室行政发文进行规范化管理。通过自动抽取公文系统内的业务数据、办理数据、时效数据，根据"办文指数"考核标准要求及扣分规则，实现对公文流程自动扣分，如图 7-12 所示。在自动扣分的基础上，管理员还可通过手工方式录入任意公文流程的办文考核数据并填写扣分情况说明。统计所有部门的扣分数，并按月份、季度和年份根据扣分数对部门进行排名展示。通过办文指数，不断提升各部门文件质量，促进实验室体制机制创新，规范实验室内部管理，助力实验室高效运转。

图 7-12　之江实验室 "办文指数" 智能模块

7.5 "智能导航"功能建设

7.5.1 "智能导航"功能定义及功能举例

"智能导航"是科研机构治理"数字大脑"中的模块之一，是一种数字化辅助工具，旨在通过先进的技术和算法，帮助科研机构科研人员、行政管理人员高效地完成特定业务或任务。利用"数字大脑"和人工智能技术，提供个性化、智能化的指引和支持，以引导相关人员按照一系列步骤和流程顺利完成管理活动、日常业务以及科研活动等。科研机构中的常见"智能导航"功能如表 7-5 所示。

表 7-5　科研机构常见"智能导航"功能举例

序号	"智能导航"类型	功能描述
1	专利辅助撰写导航	通过一步步的引导，科研人员可以快速生成一篇专业的专利申请书
2	科研项目管理导航	研究人员可以使用"智能导航"来管理研究项目，系统可以提供项目规划、时间表、里程碑和预算的建议，以确保项目按计划推进
3	预算管理导航	财务团队可以使用"智能导航"来管理科研项目的预算，系统提供预算编制、审批流程和实际支出的跟踪，以确保合规性和财务可持续性
4	设备维护导航	科研机构的设备管理员使用"智能导航"来规划设备维护计划、监测设备状态和安排维修工作
5	绩效评估导航	帮助管理层和员工了解绩效评估流程，包括目标设定、自评和反馈步骤
6	园区安全导航	园区管理人员使用"智能导航"来提供安全培训和紧急情况处理指南，以确保园区内的安全

"智能导航"可以应用于各种复杂的业务环境，例如科研项目管理、实验室设备操作、学术论文撰写等。它能够识别用户的具体业务

需求，并根据预设的流程和标准操作指导用户完成任务。它还支持自动填写表单、验证数据的准确性，提供清单和提示，避免烦琐的手动操作和错误的处理，提高办事效率和准确性。其具有以下特征。

（1）个性化指引："智能导航"能够根据用户的特定需求和背景提供个性化的指引和支持。它可以根据用户的角色、所需业务以及个人偏好，定制化地展示适用的步骤和操作提示。

（2）实时性和及时性："智能导航"提供实时的指引和反馈，确保用户在办理业务过程中得到及时的指引和提示。它可以根据用户的进展和反馈实时调整指导策略，帮助用户避免错误和延误。

（3）智能决策支持："智能导航"利用先进的算法和技术，在业务办理过程中能够提供智能决策支持，帮助用户在业务办理或者科研活动中做出明智的决策。

"智能导航"模块的建立，在科研机构中不仅能为科研人员提供便捷的业务办理工具，还能为管理人员和普通员工提供业务办理的支持和指引，提高其工作效率和业务处理质量。

7.5.2 "智能导航"功能建设目标

"智能导航"功能的建设目标是为科研机构内部成员和利益相关者提供一个便捷、高效、智能化的导航和业务办理平台，以支持科研机构的高效运营、管理和科研工作，包括以下几个方面。

（1）提升用户体验：科研机构中的人员包括科研人员、管理人员和普通员工，他们需要进行各种复杂的业务办理，如项目管理、实验操作、学术论文撰写等。"智能导航"的建设目标是通过个性化的指引和实时反馈，给用户提供友好的界面和交互方式，使用户能够轻松、便捷地完成业务办理。例如，针对不同角色的用户，"智能导航"可以根据他们的业务需求和背景，提供定制化的业务指引，帮助科研人员规划项目、管理资源，帮助管理人员跟踪项目进展、进行决策，帮助普通员工高效地办理日常工作。

（2）提高办事效率：科研机构中的业务办理通常涉及烦琐的流程和复杂的步骤，需要填写大量的表单、验证数据的准确性，并确保按照正确的流程进行操作。"智能导航"的建设目标是通过准确、清晰的指引，帮助用户按照正确的步骤和流程完成业务，以提高办事效率。例如，在项目管理方面，"智能导航"可以帮助科研人员进行实验计划和资源管理，自动填写相关表单，提供实时的进度跟踪和提醒，减少手动操作和错误处理的时间，提高项目管理的效率。

总之，"智能导航"模块的建设目标是提升用户体验、提高办事效率。通过个性化的指引和实时反馈，"智能导航"可以帮助科研人员、管理人员和普通员工在复杂的科研环境中高效地完成各项业务的办理，提升科研机构的整体运行效率和成果质量。

7.5.3 建设"智能导航"模块的实施步骤

"智能导航"模块的建设需要紧紧围绕科研机构的实际运行和管理需求，以问题为导向，整体按以下步骤进行建设（如图7-13所示），确保建设的有效性和可行性。

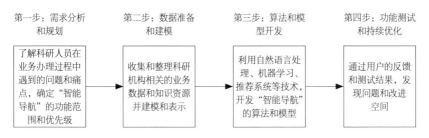

图 7-13　建设"智能导航"模块的实施步骤

第一步：需求分析和规划。首先，进行需求分析和规划，明确科研机构中各个业务流程和任务的需求，以及重要的科研活动，如立项申请书、论文、专利的撰写等。与科研人员、管理人员和普通员工进行沟通和访谈，了解他们在业务办理过程中遇到的问题和痛点，确定"智能导航"的功能范围和优先级。

第二步：数据准备和建模。收集和整理科研机构相关的业务数据和知识资源并建模和表示，将业务规范、流程信息、操作指南等转化为计算机可理解的形式。建立起"智能导航"的知识库，使其能够理解和推理业务领域的知识。

第三步：算法和模型开发。利用自然语言处理、机器学习、推荐系统等技术，开发"智能导航"的算法和模型，并集成到"智能导航"系统中。根据用户的需求和背景，设计和训练相应的模型，实现个性化的指引和决策支持。

第四步：功能测试和持续优化。在上线"智能导航"之前，进行全面的测试和验证，包括功能测试、性能测试和用户体验测试等。通过用户的反馈和测试结果，发现问题和改进空间，并进行相应的优化和调整，确保"智能导航"的准确性、可靠性和用户满意度。

通过以上四个关键步骤，科研机构可以全面建设"智能导航"模块，使其提供个性化、智能化的指引和支持，帮助用户高效、准确地完成业务办理。

下面进行展开叙述。

1. 确定需求和目标

建设"智能导航"模块的第一个任务是明确科研机构的需求和目标。这一步是为了确保"智能导航"能够满足科研机构中科研人员、行政管理人员和普通员工的实际需求，从而为后续的开发和实施工作提供明确的指导。为了达到这个目标，需要进行以下几个关键步骤。

首先，进行需求收集和分析。在这个阶段，与科研机构的管理团队、用户以及其他利益相关者进行密切的沟通和交流。通过面对面会议、问卷调查、用户反馈等方式，收集他们对"智能导航"模块的期望和需求。这些需求可能涉及导航的准确性、个性化定制、操作简便性等方面。收集到的需求将为后续的建设工作提供重要的参考依据。同时通过对现有系统进行埋点，获取各类业务流程的使用情况，以作为需求的重要参考依据。

其次，根据收集回来的需求，识别科研机构中的关键业务流程，例如科研项目管理、科研立项申请、学术论文撰写、专利申请撰写等。对于每个业务流程，了解其涉及的步骤、要求和相关参与者。深入理解业务流程，可以确保"智能导航"提供恰当的指引和支持。

最后，还要关注业务流程中不同角色的用户关注点的差异，例如科研人员可能更关注科研项目管理的灵活性和效率，而行政管理人员可能更注重合规性和数据分析的支持。基于这些特点，确定"智能导航"的功能范围和优先级。

基于以上步骤，可以制订出"智能导航"的规划和目标，明确"智能导航"的主要功能、所涵盖的业务流程和目标用户群体。

2. 数据准备和建模

数据准备和建模是"智能导航"建设过程中的关键步骤。在这一步中，将着重收集、整合和处理与各类业务相关的数据、文档等资源，包括业务规范、流程图、表单模板、实验室设备操作指南、论文撰写规范等，以实现"智能导航"模块的核心功能和特性。

首先，收集科研机构中各类业务所涉及的数据和文档，包括科研项目信息、实验室设备数据、学术文献、规章制度等。这些数据可以来源于不同的系统或数据库以及外部的公开数据，如科研管理系统、实验室设备管理系统、文献数据库等，确保收集到的数据能够覆盖"智能导航"所需的关键信息。并对收集到的数据进行清洗和整理，以确保数据的准确性和一致性；对数据进行结构化和标准化处理，使其符合"智能导航"的数据模型和算法要求。

接下来，对收集到的数据或文档进行标注、分类和建模，以便相关算法能够识别和理解不同类型的数据，并进行训练。例如，对科研项目数据进行标注，指明项目的阶段以及不同阶段所需要处理的业务。这样，在"智能导航"中，可以根据项目阶段的不同，提供对应的指导和建议，以及引导下一步的处理方式。另外，需要基于收集到的数据，建立适用于"智能导航"的数据模型。

通过数据准备和建模，可以为"智能导航"提供丰富、准确的数据支持，使其能够根据用户的需求和业务情境，提供个性化的指引和决策支持。

3. 算法和模型开发

在"智能导航"的建设过程中，算法和模型开发是至关重要的一步。这一步旨在设计和实现"智能导航"所需的核心算法和模型，以实现个性化指引和决策支持。除了用户界面设计和交互优化，还需要考虑业务流程的建模。

首先，根据"智能导航"的业务需求和科研机构的特定场景，选择合适的算法和模型。例如，可以使用机器学习算法、自然语言处理技术、规则引擎等来实现"智能导航"的功能。通过设计模型的输入输出、数据处理流程以及决策逻辑，确保其能够满足科研机构业务流程的实际需求。

其次，基于科研机构的业务流程，准备相关的数据。这包括对业务流程进行分析和抽象，确定各个环节的输入、输出和相互关系。同时，收集和整理与业务流程相关的数据，例如实验数据、项目信息、规章制度、论文数据、专利数据等。

再次，根据业务流程和数据准备阶段的结果，开始构建"智能导航"的模型。这可能涉及模型的结构设计、特征工程、模型参数调优等方面。根据所选的算法和技术，进行模型的训练和优化，以获得良好的性能和准确度。训练数据可以包括历史业务数据、专家经验和用户反馈等，以充分训练模型并提高其智能化水平。在此过程中，还需要对已构建的模型进行验证和评估，确保其与实际业务场景的契合度。

最后，将开发的算法和模型集成到"智能导航"系统中，并使之与用户界面和业务流程进行无缝衔接。确保算法和模型与用户界面的交互逻辑和数据流程的一致性，以提供良好的用户体验。同时，与科研机构的其他系统进行集成，实现数据的交互和共享，进一步提升"智能导航"的功能和效能。

4. 功能测试和持续优化

在这一步中，对"智能导航"模块进行全面的功能测试，以确保其在实际运行环境中的稳定性、准确性和可靠性。通过模拟真实使用场景，验证导航功能的有效性和效率，检查系统的响应速度和数据准确性，以确保模块能够满足科研机构的导航需求。

除了功能测试，也要重视用户反馈和需求收集。通过定期与用户沟通和调查，了解他们对"智能导航"模块的体验、意见和建议。这些反馈可以帮助评估模块的性能和用户满意度，并发现潜在的改进点。对用户反馈进行综合分析，并结合数据分析结果，识别模块存在的问题和不足之处。另外需要做好"智能导航"功能埋点工作，通过数据日志分析"智能导航"业务设置的合理性。

7.5.4 应用案例——"专利辅助撰写"

之江实验室根据"数字大脑""智能导航"模块的建设方法，从实际业务需要出发，建设了多个"智能导航"模块，包括科研工作台工具导航、数字赋能管理 2.0 流程和应用导航、合作接待全流程跟进、专利辅助撰写等，用于提升实验室内科研活动的便捷性、日常业务的办事效率，营造良好的办公氛围。

之江实验室作为一家新型科研机构，每年都会申请大量的专利。我们通过调研发现，科研人员对于专利的辅助撰写具有较强的需求。另外，专利的文本以及申请流程相对比较固化，因此比较符合"智能导航"的应用场景。根据一步步的引导，科研人员可以快速生成一篇专业的专利申请书，如图 7-14 所示。

图 7-14　之江实验室专利辅助撰写平台

专利辅助撰写平台基于专利领域法律法规、科学文献、模板规则等数据和知识，利用大语言模型、知识图谱等 AI 技术，为科研人员和专利从业人员提供技术可视化、专利案卷生成、专利 AI 审查等创新应用。主要研究工作包括专利领域任务相关样例库构建、领域预训练语言模型训练、专利领域知识库构建、统一应用能力及典型应用开发等。

专利辅助撰写"智能导航"模块通过对专利业务流程的建模，以及通过收集大量的专利信息，建立专利知识库，用于辅助专利案卷的撰写甚至自动生成。专利辅助撰写"智能导航"模块主要包含以下辅助流程：①完善请求书信息；②编写权利要求书；③编写说明书；④生成摘要；⑤上传附图；⑥ AI 质检；⑦生成案卷。用户通过这几步的引导，可以快速完成案卷的撰写。并且在撰写的过程中，模块可以根据用户输入的提示，自动实现检索、查重、查新，提供辅助决策功能。

7.6 "智能问答"功能建设

7.6.1 "智能问答"功能定义及功能举例

"智能问答"是指在科研机构治理"数字大脑"中构建一个能够自动回答用户提出的问题的模块。该模块利用自然语言处理技术和人工智能技术，能够理解用户提问的意图和内容，并从海量的知识库或数据源中获取相关信息，然后生成准确、详细的回答。"智能问答"模块的目标是为用户提供快速、准确和个性化的问题解答和知识获取服务，以提高科研机构工作效率和知识获取的速度。

"智能问答"模块是科研机构治理"数字大脑"的关键组成部分之一。它具备以下突出特点。

（1）自然语言理解和处理："智能问答"模块能够理解自然语言的问题，并从中提取关键信息，进行语义解析和理解。它能够识别问题的意图和上下文，并准确回答用户的问题，提供有用的信息和解决方案。

（2）多领域知识覆盖："智能问答"模块拥有广泛的知识库，覆盖多领域的知识。它能够回答与科研、工程、日常办公相关的问题，为广大科研机构员工提供专业而准确的解答。

（3）智能推理和推断："智能问答"模块不仅仅能够给出简单的答案，还能够进行推理和推断。它能够分析问题背后的逻辑和关联，提供更深入的解释和推导，帮助用户深入理解问题和解决方案。

（4）多模态支持："智能问答"模块不仅可以回答文本问题，还可以处理图片、表格、公式等多媒体内容。它能够识别和解析多媒体输入，并从中提取有用的信息，给出相应的回答和解释。

通过"智能问答"模块的建设，科研机构能够为科研人员和其他用户提供高效、准确的问题解答服务，提供即时的知识和信息支持。

7.6.2 "智能问答"功能建设目标

科研机构治理"数字大脑"建设"智能问答"功能的目标是通过自然语言处理技术和人工智能技术，提升科研机构各类用户的问题解决效率。其具体的建设目标包括以下几个方面。

（1）学术支持："智能问答"模块旨在为科研机构的研究学者和学术人员提供学术问题的解答和支持。它应该能够回答各学科领域的学术问题，提供与研究方法、数据分析、文献检索等相关的准确、可靠的学术资源和指导，帮助研究学者加速科研进程，提高学术成果的质量和取得效率。

（2）技术支持："智能问答"模块应该支持科研机构的工程师解

决技术问题。它应该能够回答与设计、开发、测试等相关的疑问，提供技术实践经验、最佳实践、技术文档等支持，帮助工程师解决技术难题，提高项目交付的质量和效率。

（3）事务支持："智能问答"模块应该能够回答科研机构内部员工、外部人员在行政事务方面的常见问题，包括办公流程、人事管理、财务管理等。它应该提供相关规定、操作指南、常见问题解答等信息，帮助用户快速获取准确的解答，提高工作效率。

（4）决策支持："智能问答"模块应该能够为科研机构的行政职能部门管理人员提供问题解答和支持。它应该提供相关政策解读、管理流程指南、数据分析报告等支持，帮助管理人员做出准确决策，优化内部管理和运营。

总之，通过满足不同人员群体的需求，"智能问答"模块将成为科研机构内部和外部人员的重要工具，提供广泛、准确的问题解答支持，帮助员工和外部人员快速获取所需信息，提高工作效率。

7.6.3 建设"智能问答"模块的实施步骤

建设"智能问答"模块的实施步骤，如图7-15所示，具体如下。

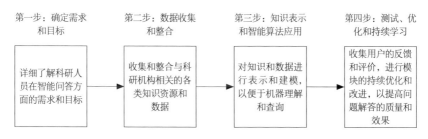

图7-15 建设"智能问答"模块的实施步骤

第一步：确定需求和目标。与科研机构的管理团队和相关人员合作，详细了解他们在"智能问答"方面的需求和目标。收集和整理各个岗位和职能部门的常见问题,并分析其特点和难点。同时,考虑科研机构所涉及的领域和具体业务需求。

第二步:数据收集和整合。收集和整合与科研机构相关的各类知识资源和数据,包括学术论文、技术文档、操作指南、政策规定等,确保数据的质量和完整性,以便后续的处理和查询。

第三步:知识表示和智能算法应用。对收集到的知识和数据进行表示和建模,以便机器理解和查询。采用合适的知识表示方法,建立知识图谱或类似的结构,对知识间的关联关系进行建模。同时,应用自然语言处理技术、机器学习算法和深度学习模型等,开发"智能问答"模块,实现准确的问题解答和智能推荐功能。

第四步:测试、优化和持续学习。对"智能问答"模块进行全面的功能测试,验证其在各个领域和岗位上的准确性和可靠性。收集用户的反馈和评价,进行模块的持续优化和改进,以提高问题解答的质量和效果。同时,模块应具备持续学习和改进的能力,通过分析用户查询行为和反馈,及时更新和添加新的知识,以满足科研机构不断变化的需求。

通过以上步骤的建设,"智能问答"模块将能够成为科研机构内广大员工日常办公的重要工具,并提供广泛、准确的问题解答支持,提高其工作效率。

下面进行展开叙述。

1. 确定需求和目标

在建设"智能问答"模块之前,关键的第一步是与科研机构的管理团队和相关人员合作,以详细了解他们在"智能问答"方面的需求和目标。这一步骤的目的是确保建设的"智能问答"模块能够真正满足科研机构的需求,提供全员问题解答支持,并为不同岗位和职能部门的人员提供准确、及时的帮助。

首先，与管理团队和相关人员进行深入的沟通和访谈，了解他们对于"智能问答"模块的期望。这可能包括他们在科研机构运营、管理和工作中遇到的常见问题、困难和痛点。通过与他们的交流，可以获取关键信息，如常见问题的类型、重要性和紧迫性，以及他们希望"智能问答"模块能够解决的具体问题。如提供全员问题解答支持、多领域问题解答、高效查询和准确回答、智能推荐和辅助决策等。

另外，还需要考虑科研机构所涉及的领域和具体业务需求。科研机构涵盖的领域可能包括科学研究、工程技术、行政管理、人力资源、财务等多个方面。因此，了解并综合考虑这些领域的需求是至关重要的。这可以通过与科研机构的各个部门和相关人员进行沟通和交流来实现，以确定"智能问答"模块所需覆盖的具体领域和业务范围。

2. 数据收集和整合

数据收集和整合的目标是收集、整合和处理与科研机构相关的各类数据源，并应用智能算法和技术对数据进行实体融合、消歧等处理，形成准确的知识库，以提供个性化的问题解答和知识服务。

在这一步中，首先需要收集与科研机构相关的各类数据源，涵盖科研领域知识以及办公流程、人事管理、财务管理等日常办公相关规定和操作指南等，还包括科研论文、专利、项目报告、法规政策、内部文档、标准操作流程等非结构化数据。这些数据可能来自不同的系统和数据库，因此需要对它们进行抽取和归集。并对收集到的数据进行清洗、预处理和标准化，以确保数据的质量和一致性。这一过程包括去除重复数据、处理缺失值和异常值，并统一数据的格式，从而生成一个可靠的知识库，为后面的知识表示做准备。

3. 知识表示和智能算法应用

知识表示和智能算法的应用重点是构建一个可靠的知识表示系统和应用智能算法来支持"智能问答"模块的功能。

首先，基于上一步骤中收集和整理的知识，设计和构建知识图谱，用于表示和存储科研机构的知识。知识图谱是一种结构化的知识表示方法，它通过实体、属性和关系的方式描述知识之间的联系。知识图谱可以帮助"智能问答"模块理解用户问题、推理答案并提供相关的知识推荐。

其次，在知识图谱构建完成后，再应用智能算法来处理用户的问题并给出准确的答案。这包括自然语言处理技术、信息检索技术、机器学习和深度学习等。通过这些算法，"智能问答"模块可以对用户的问题进行语义理解、问题匹配和答案生成。

再次，为了提高问答的准确性和智能程度，还可以引入一些先进的技术，如知识图谱推理、情感分析和多模态处理等，以及大模型技术等。这些技术可以进一步提升"智能问答"模块的能力，使其能够更精确地理解用户的意图、感知情感并以更友好的方式回答问题。

最后，除了问题解答，"智能问答"模块还可以应用推荐算法来提供相关的知识和问题推荐。通过分析用户的查询历史、兴趣和上下文信息，模块可以推荐相关的科研论文、项目资料、操作指南、规定文件等，以帮助用户更好地获取潜在需求信息。

通过执行该步骤，科研机构可以建立一个强大的知识表示系统，并应用智能算法来实现智能问答的功能，为用户提供准确、高效的问题解答和知识推荐服务。

4. 测试、优化和持续学习

测试、优化和持续学习这一步的重点是对"智能问答"模块进行全面的测试，根据测试结果进行优化，改进算法及模型，并使之持续学习，以提高其性能和准确性。

首先，进行功能测试和性能测试。通过模拟真实场景和用户行为，验证"智能问答"模块在各种情况下的功能和性能表现。这包括输入不同类型的问题、模拟高并发访问、测试响应时间和稳定性等方面。测试过程中系统将自动记录用户的提问和召回的答案，以及用户对于问题的反馈。

其次，基于测试结果，不断改进模块的知识和算法。通过分析用户的查询行为、反馈和评价，了解用户需求、偏好以及对回答的满意程度，并根据这些信息对模块的知识库和算法进行更新和改进。这可以帮助模块更好地理解用户问题，提供更准确、全面的回答，并适应科研机构不断变化的需求。

最后，除了内部学习和改进，还可以借助外部资源进行模块的持续学习。例如，利用自然语言处理领域的最新研究成果如大模型、技术论坛和社区等资源，跟踪行业动态，探索新的算法和技术，以提升"智能问答"模块的能力和效果。

持续学习和改进是"智能问答"模块建设的关键环节。通过不断优化和更新，以及丰富知识库，"智能问答"模块能够逐步提高准确性、响应速度和用户体验，并满足不断变化的用户期望。

7.6.4 应用案例——"小之知道"

随着之江实验室的不断发展，如何帮助员工从海量信息中快速获取有效信息成为一个亟须解决的问题。"数字大脑"中的"智能问答"

模块恰好能够解决相关问题。因此,之江实验室信息化团队在充分调研现有"智能问答"的基础上,自主研发了基于大模型的多路召回"智能问答"系统"小之知道"。它利用通用大模型技术和多路召回技术,满足知识问答和任务型问答混合场景需求,并支持多模态的问答输出,包括图片、文字、视频等形式。并可实现从文档中自动生成问答以及自动扩展相似问题的功能,从而提升问答知识库维护效率。同时还利用数据集成技术,对之江实验室内部业务系统的数据进行融合,构建更丰富的知识库,通过知识图谱的形式,进一步挖掘数据之间的内在联系。

功能层面上,目前"小之知道"支持两类场景的问答处理,包括知识问答助手和任务型问答助手。前者主要通过分析和利用已有的知识库来回答用户的问题,比如员工咨询实验室横向 A 类项目经费管理办法、请假管理制度(如图 7–16 所示)等,这些信息主要来源于实验室相关政策,属于事实类知识。而对于后者,通过自然语言理解和规划推理技术来识别用户的意图和需求,比如员工咨询张三坐在哪里、某某老师的研究方向是什么,这类信息存储于业务系统,信息是动态变化的。"小之知道"理解用户的意图后,从业务系统或者图数据库中获取相应的答案。

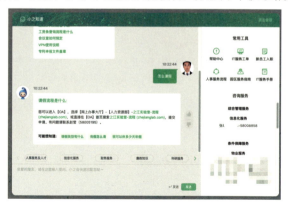

图 7–16　通过"智能问答"进行日常办公

展示能力上，目前"小之知道"支持多模态输出，包括纯文本、图文信息、视频以及各类图表信息，并可通过权限分配来实现敏感信息的过滤。纯文本是最常用的展示方式，特别是带链接的答案，用户可以直接点击链接进入对应的应用系统，减少访问路径。而针对比较复杂的操作指引，可通过图文并茂的形式，让用户更快速地理解内容，提升使用体验。此外，"小之知道"还设计了多种类型的图表，包括图谱关系图、表格、曲线、云图、饼图、卡片等，更直观地展示回答的内容，如图 7-17 所示。此外，在问答形象展示上，之江实验室还做了个性化形象配置，针对不同的类目可设置不同的回复形象，一方面增强机器人的亲近感，另一方面增加业务对应部门的归属感。

图 7-17　通过"智能问答"统计实验室科研成果

系统维护上，传统的知识库维护方式成本较高。通过调研发现，目前还没有一套非常成熟的机制将文本类非结构化数据批量转换成问答对，特别是在对转换结果的准确度要求较高的场景下。主流的辅助工具是文档标注工具，可根据选定的内容自动生成问题，从而形成问答对。这种方式在一定程度上可以辅助生成问答对，但是对于一篇较长的文本还是无法高效且批量地生成问答对。因此，之江实验室在技术方案中，通过本地化部署了一个具有60多亿参数的通用大模型，充分利用其自然语言处理能力，在问答知识库的维护过程中，根据文档内容批量地自动提取问答对，效果如图7-18所示。经过人工简单核对后，进行入库，大大提高了问答对的生成能力。此外，之江实验室还利用大模型的能力，根据已知问题自动生成相似问题，进一步提升问答对的管理效率，增加Top1的召回率。

图7-18 "问答管理平台"根据文本自动生成问答对

另外，之江实验室将"小之知道"的核心接口进行了封装，使得第三方产品根据接口文档快速集成"小之知道"能力，赋能第三方产品，提升产品自身的体验，使得"小之知道"的影响力最大化。目前在之江实验室内部，已经将"小之知道"集成到了多个产品中，用户可以从多个端口对"小之知道"进行访问，包括之江精灵、统一搜索（集成效果如图7-19所示）等。

图 7-19　"小之知道"统一搜索和智能问答进行无缝融合

目前，"小之知道"智能问答助手数字技术已经实现产品化，整个产品包括用户端（移动端和 PC 端）、后台管理系统、开放接口，可实现跨项目快速复制、快速部署。"小之知道"已经运用于之江实验室内部多个场景，包括办公场景问答、科研场景问答、招聘场景问答、入职场景问答，节省了大量的人力，提升了用户的办事效率。同时如图 7-20 所示，通过提供科研领域相关知识的检索，为内部科研活动提供智能化支撑。

图 7-20　"小之知道"通过"智能问答"寻找科研伙伴

7.7 "自动决策"功能建设

7.7.1 "自动决策"功能定义及功能举例

当科研机构治理"数字大脑"已经建成了前述智能模块,包括风险预警、全景画像、预测预报、动态指数、智能导航和智能问答后,已为实现办公、科研审批流程中审批节点的自动决策和自动审批的能力打下了坚实的基础。"自动决策"功能主要依托智能模块提供的数据和其分析能力,结合事先设定的规则和条件,以及相关决策策略,自动对流程中的审批节点进行评估、分析和决策,从而提高审批效率、降低决策风险,并为科研机构的科研人员和管理人员提供更加高效的办事和管理体验。该"自动决策"功能将为科研机构的流程再造带来革命性的改革,推动科研办公流程的智能化和自动化发展。

"自动决策"功能作为科研机构治理"数字大脑"支撑流程再造中的核心功能模块,具备以下特征。

(1)智能数据分析:自动审批功能依赖智能数据分析,对提交的科研项目或流程相关数据进行全面、准确的解析和评估,可以快速判断项目或者审批事项的合规性、风险水平,为自动决策提供依据。

(2)决策策略集成:自动审批功能需要集成多种决策策略,以适应不同类型的审批节点和审批事项。这些策略可以是基于事先设定的规则和条件,也可以是机器学习模型或者专家系统的推理策略。

(3)可配置性和灵活性:流程再造中审批节点的自动审批功能应该具备可配置性和灵活性,允许管理员根据不同审批节点的需求进行定制。管理员可以设定不同的审批条件、阈值,或者调整决策策略,以适应不同场景下的自动审批需求。

7.7.2 "自动决策"功能建设目标

"自动决策"功能模块主要用于科研机构的流程再造，具体建设目标是通过引入智能化技术和自动化流程来改善审批节点的决策过程，具体建设目标包括以下几个方面。

（1）提高审批效率："自动决策"功能的建设旨在减少冗余的手动操作和人工干预，从而大幅提高审批效率。通过数据打通、数据分析和自动化流程管理，实现审批流程中部分节点的自动审批，减少人工审批节点，提高审批效率。

（2）降低审批风险："自动决策"功能能够依据预设的规则、条件和决策策略，对审批事项进行全面、准确的风险评估。这样可以降低决策的主观性和随意性，从而减少潜在的审批风险。

（3）提高决策准确性：通过引入智能数据分析和决策策略集成，"自动决策"功能能够基于已有的数据自动进行计算、分析，避免因人为因素而造成的错误决策，提高决策的准确性。

总之，利用"自动决策"功能实现流程根本性的再造，其目标是带动科研机构的数字化和智能化转型。科研机构将成为一个高度数字化、高度自动化的科学研究生态系统，数据的收集、分析、利用将得到最大限度的优化和应用。

7.7.3 建设"自动决策"模块的实施步骤

"自动决策"模块的建设紧紧围绕流程再造的需求进行展开，因此要从科研机构的实际业务出发，对量大面广的流程进行分析，利用自动决策功能实现流程的改造，并在使用过程中建立数据反馈机制，不断迭代优化审批流程。其主要实施步骤如图 7-21 所示，具体如下。

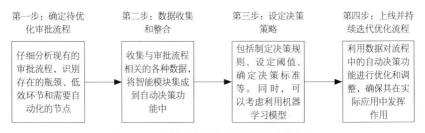

图 7-21 建设"自动决策"模块的实施步骤

第一步：确定待优化审批流程。科研机构需要仔细分析现有的审批流程，识别存在的瓶颈、低效环节和需要自动化的节点。根据科研机构的管理需求和优化目标，确定适合自动决策的审批节点，确保自动决策的应用能够真正提升效率和质量。

第二步：数据收集和整合。科研机构需要收集与审批流程相关的各种数据，将智能模块（如风险预警、全景画像等）集成到自动决策功能中，这些智能模块将为数据提供深度分析，为决策提供依据和支持。

第三步：设定决策策略。科研机构需要设定自动决策的策略和条件。这包括制定决策规则、设定阈值、确定决策标准等。同时，可以考虑利用机器学习模型，根据历史数据和经验进行训练，从而实现更智能的决策策略。

第四步：上线并持续迭代优化流程。根据实际需求将开发完的流程进行上线，并对每个流程以及审批节点进行埋点。后续利用数据对流程中的自动决策功能进行优化和调整，确保其在实际应用中发挥积极作用。

下面对每一步骤做展开叙述。

1. 确定待优化审批流程

通过"自动决策"进行流程再造，绝不能盲目地把现有的所有审批流程进行改造，而是应该循序渐进，按照先解决突出问题再解决次要问题的思路进行迭代优化流程。因此在这一步骤中，核心目标是从科研机构现有的审批流程中找出哪些流程是要优先改造的，再确定对应的审批流程中哪些审批节点是可以利用现有的技术手段进行自动决策改造的。

识别流程改造的必要性，一般可以通过以下几种方式。最常用的是数据分析法，通过分析科研机构的审批流程发起记录，以日均、月均发起次数，日均每人、月均每人发起次数作为指标，衡量流程的重要程度。也可以利用调查问卷法，面向科研机构全部人员针对审批流程进行问卷调查，梳理出广大员工诟病最多的流程。当然也可以让科研机构内部各业务部门根据自身的经验梳理流程改造的优先级，最终形成流程再造优先级清单。

当识别出来待改造流程清单后，还要根据客观事实以及实际技术现状，进一步分析"自动决策"改造的可行性。因此科研中心技术部门还要联合对应流程归属业务部门，逐一审查每个审批流程的审批节点，核心关注审批节点的几个问题：（1）审批的人是谁；（2）审批的内容是什么；（3）审批的依据是什么；（4）审批的风险是什么；（5）是不是审批流程中的瓶颈。综合这些信息对审批节点进行评估，判断是否将其纳入自动决策节点。

此外，除了确定自动决策节点，还需要明确对自动决策的需求。这包括决策的准确性要求、决策速度要求以及决策过程的可追溯性和可解释性等。不同节点可能有不同的需求，因此需要根据实际情况进行确定。

2. 数据收集和整合

针对上一步骤中梳理出来的待优化审批节点，深入分析对应的审批依据，挖掘背后所依赖的数据条件。根据所依赖数据的实时性，可以将其分为实时数据和历史数据。历史数据主要是指历史的事实数据以及历史的决策数据（经验）；实时数据是事务当前正在进行的或者当前所处状态的数据。

数据来源可能包含科研机构外部数据、内部数据。因此，根据审批节点的决策依据明确了数据需求后，首先要对这些数据进行收集。在收集过程中，可能无法找到相应的数据源，这时可能会发现无法对审批流程进行自动决策。对于收集到的数据，由于通常有不同的来源和格式，因此需要进行整理和清洗，并且还需要评估数据的一致性和准确性，以及数据问题对决策造成的风险大小。

此外，如果数据的来源可以直接从已经建成的智能模块中获得，例如风险预警、全景画像、预测预报等，可直接将这些智能模块集成到自动决策功能中，作为数据分析重要来源之一。

3. 设定决策策略

从第一步中梳理出来的审批决策依据，如果进行分类，可以将其分成两大类：基于规则的审批依据和基于机器学习的审批依据。

基于规则的审批依据是一系列预先设定的条件和判定标准，根据这些规则，系统可以自动进行决策。这些规则一般是基于科研机构的政策、流程和管理需求，以及过去的经验和最佳实践。规则的设定可以相对简单，易于理解和修改。因此，需要将审批节点中的基于规则的审批依据进行抽象，根据上一步中收集到的数据，将规则文字描述转变成一系列标准的数学表达式。

有些流程的审批决策无法直接用规则的形式进行表达，因此除了基于规则的审批依据，还应考虑引入机器学习模型，通过对历史数据的学习和训练，实现更复杂的决策判定。机器学习模型的优势在于可以处理复杂的数据和非线性关系。它可以根据历史数据的特征和结果，发现数据之间的潜在模式和规律，并进行预测和分类。例如，可以建立一个机器学习模型，根据过去项目的成功率和相关因素，预测当前项目的成功概率，并根据预测结果做出决策。

当然在实际过程中，也可能存在两者交叉的情况，将规则和机器学习模型相结合，形成综合的决策策略。在自动决策过程中，首先会按照设定的规则进行初步决策，对于那些规则难以覆盖的特殊情况，再交由机器学习模型进行进一步分析和判定。这样可以保持决策的高效性和灵活性，同时利用机器学习模型提供更准确和智能的决策支持。

4. 上线并持续迭代优化流程

根据上述步骤完成某个流程的改造并经过充分测试后，可进行上线。但是决策策略的设定是一个持续迭代和优化的过程，因此建议在每个流程结束后都增加一个反馈机制，将用户的使用情况直接反馈给对应流程的归属业务部门。另外，也可以通过埋点的方式，评估分析流程的使用情况。

通过结合多种手段，一方面评估通过自动决策后的流程相比原先流程效率上是否有极大的提升，另一方面可监测流程自动决策的准确性，从而不断迭代优化决策规则和规则模型，形成一个良好的正向反馈机制。

7.7.4 应用案例——"流程再造"

为加快推进之江实验室数字化改革，实验室提出管理 2.0 整体要求，其中一项重点事项为推进各部门流程再造。针对目前遇到的电子化审批流程周期较长的问题，通过广泛调研，梳理出专利申请、用章申请、门禁申请、危险品购买与采购、设备采购、计算及云资源申请、设备维修、公寓及科研用房申请、财务报销等相关流程的审批时间被认为较长。通过数据分析和数据调研的形式，累计梳理出流程159项。

其中，改造比较典型的有人才公寓申请 / 租房补贴申请流程。通过分析审批流程，发现该流程用时较长，进一步分析，主要是员工提交住房申请后，需经过人力资源部2个审批节点（审核人员类型和人员职级）和条件保障部4个审批节点（审批申请资料），审批通过后，申请人员还需到条件保障部了解房源信息，现场选房。审批流程长，员工体验差。针对该问题，通过打通预入职数据，实现预入职时发送住房申请链接；通过打通人力数据，自动获取人员类型和人员职级，自动决策该员工所能申请的住房类型，从而实现人力资源部审批节点自动审批，同时通过在线应用实现在线选房，大大提升公寓申请效率。

此外像"入职一件事"，通过审批流程中的系统打通，实现新员工入职前完成上传车牌号、录入人脸信息；有公寓需求的员工，实现入职前线上选房，入职后拎包入住；同时实现入职前线上分配工位、入职后工位和相关门禁同步生效。进一步提升入职体验，提高入职相关事务处理效率。

之江实验室通过精简节点、打通数据实现自动决策，共改进流程88个，减少审批节点120个，减少比例36.6%，流程审批平均时长从125小时缩减至24小时，月均流程审批时长呈显著下降趋势，如图7-22所示。

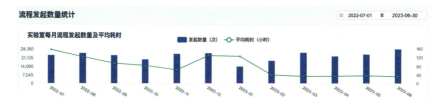

图 7-22　流程再造前后月平均审批时长趋势图

第八章 建设科研机构
治理"数字大脑"的支撑保障措施

建设科研机构治理"数字大脑"及衍生的各类应用是一项系统性工程，需要充分利用和整合各类资源，完善融通政策制度、标准规范、组织保障和网络安全等关键要素，健全配套保障机制，确保"数字大脑"建设稳定有序推进。

8.1 构建标准规范体系

构建标准规范体系是"数字大脑"建设中的一项基础性的系统工程，是"数字大脑"开发成功和得以推广应用的关键保障措施之一。因此，加强构建标准规范体系工作具有十分重要的现实意义。"数字大脑"标准规范体系主要包括数据标准、集成标准、网络安全标准以及页面视觉标准。

制定数据标准，将高频共享交换的字段梳理形成主题库，明确主题库字段的编码规范、数据表结构规范以及数据库分层架构规范，严格落实数据标准，约束各系统数据汇集到"数字大脑"的时候，须按照数据标准映射转换成规范格式，避免数据标准缺失导致汇集后数据不完整、不准确等问题。

制定网络安全标准，按照国家网络安全等级保护制度2.0三级标准，结合业务实际要求，围绕数据加密、认证、登录控制、协议安全以及网络访问控制等方面，明确大脑网络安全建设内容和建设规范，并指导"数字大脑"各阶段、各模块的建设。

制定集成标准，围绕数据集成、应用集成和页面集成等方面，明确集成的各项规范要求，并将规范要求体现到采购、建设和验收的各个环节，从而保障"数字大脑"与系统之间，以及系统与系统之间的数据融合和应用贯通。

制定页面视觉标准，明确系统交互所涉及的页面布局、色系和标志等内容的标准，确保基于"数字大脑"开发的应用及应用入口的页面视觉风格保持一致，为用户提供良好的信息系统使用体验。

制定基础设施建设标准，作为"数字大脑"重要的软硬件支撑条件，基础设施为"数字大脑"提供了数据的计算、存储和传输基础条件保障，根据"数字大脑"支撑的业务需求，明确算力、网络和存储系统的建设内容和标准，包括但不限于协议类型、硬件选型和软件架构等，要重点针对基础设施系统的兼容性和稳定性进行标准设计，确保系统可迭代、可扩容、可升级。

8.2 构建网络安全体系

"数字大脑"是科研机构重要的信息系统，而系统网络安全则是"数字大脑"稳定运行的底线，应围绕网络安全防护、数据安全防护、系统安全防护、网络安全运营管理四个方面，按照国家网络安全等级保护制度 2.0 三级标准构建科研机构治理"数字大脑"网络安全防护体系。

加强网络安全防护。加强网络边界防护，在"数字大脑"系统运行环境的网络边界处部署防火墙设备、入侵防御系统（IPS）和抗分布式拒绝服务攻击设备（DDOSS），实现网络安全隔离。加强网络终端管理，部署电脑、物联设备等各类终端的入网管控系统，联动终端设备上的网络安全扫描工具，禁止不符合规范的终端入网。

加强数据安全防护。加强"数字大脑"数据权限管理，建设账号权限管理模块，按照权限最小化原则，落实数据精细化管控机制，对于敏感数据操作须建立分级审批和多级验证制度。加强数据加密，落实数据从生产、存储到传输全过程的数据加密措施。加强数据安全开放，"数字大脑"数据原则上通过接口方式开放共享，禁止数据以导出方式提供，对于敏感数据需脱敏处理后提供。建设数据安全开发隔离区，利用云桌面技术实现系统开发过程中的数据不落地。加强数据防泄漏，建立数据外发严格管控机制，利用数据标签技术，实现数据过程可追溯。加强数据备份，对于重要数据建设异地数据备份系统，制定分等分级数据备份策略，实现数据周期性备份。加强数据库审计，通过对数据库细颗粒度的监控，记录数据库操作日志，及时发现数据库违规操作。

加强应用安全防护。加强网页防护，在"数字大脑"运行环境中部署 Web 应用防护系统（WAF），防止网页内容被恶意篡改。加强系统防护，在"数字大脑"运行环境中部署终端检测与响应系统（EDR），强化对系统的保护。强化应用开发质量管控，建立从软件设计、软件编码、软件测试到软件运行全过程关键卡点审核机制，实现代码高质量，确保应用安全。

加强网络安全运营管理。明确"数字大脑"各组件的资产责任人，周期性开展网络安全宣传，强化组件责任人网络安全意识。加强系统漏洞管理，建设人工渗透和机器扫描相结合的漏洞发现手段，建立从漏洞发现、分析、整改到复扫的闭环工作机制，原则上 5 个工作日内各资产责任人完成漏洞整改，对于未及时完成整改的漏洞须建立通报机制。加强设备日常运维，通过部署堡垒机和日志审计设备，实现各类设备和系统的操作均通过堡垒机进行管控且留存日志，确保各类操作的过程可跟踪、源头可追溯。加强网络安全事件处置，建立从告警上报、分析到处置的快速响应工作机制，分级分类制订网络安全应急预案，周期性组织开展网络安全应急演练。加强网络安全态势感知，通过在关键网络节点、系统节点和数据库节点部署风险感知和流量监测设备，及时获取安全风险信息，通过数据分析提前研判网络安全风险。

8.3 构建基础设施体系

推进算力基础设施系统、网络基础设施系统、存储基础设施系统以及机房基础设施系统建设，围绕系统稳定性、扩展性和安全性，突出基础设施系统共建共享，按照"统筹规划、分步实施"的原则，集约化构建基础设施保障体系。

建设算力基础设施系统，算力是"数字大脑"开展数据分析和推演的重要保障资源。建设算力服务平台，对 GPU、CPU 等各种算力资源进行统一管理和集中调度，以云服务的方式为用户提供算力资源的审批、开通和运维等服务，以满足"数字大脑"等各类系统对算力资源的需求。建设算力硬件集群，将服务器进行虚拟化后纳入共享资源池，服务器采用集群化部署，充分考虑横向可扩展，实现算力资源平滑扩容，满足包括"数字大脑"在内的各类系统对算力的不断增长的需求。

建设网络基础设施系统，网络是"数字大脑"数据交换和传输的重要保障资源，按照网络"分层分域"原则，推进网络系统建设。建设网络核心层、汇聚层和接入层，需充分考虑各网络层之间数据流量的收敛比以及设备链路的主备保护，合理设计设备和链路数量，确保网络系统的高可用性。划分隔离区域（DMZ）、信任区域（Trust）、不信任区域（Untrust），并部署对应的网络安全策略，各服务器则根据实际业务需求，归属不同隔离区，保证各服务器之间数据的有限授权互通。

建设存储基础设施系统，存储是"数字大脑"实现记忆的重要保障资源。建设存储资源管理软件，对块存储、文件存储等各类存储资源进行集中管理和统一调度，对接算力公共服务平台，实现算力资源和存储资源同步分配和开通。建设存储硬件集群，配置不同类型的存储服务器，满足不同业务对数据读取速度、数据存储周期的需求，按照多副本数据保护策略，配置备份服务器，满足数据安全存储的需求，对存储服务器进行虚拟化，构建存储统一资源池，满足存储服务横向可扩展的需求。

建设机房基础设施，机房环境是各类系统稳定运行的重要保障，应根据机房建定级标准建设机房内各类设施设备。建设制冷系统，制冷系统由制冷主机、制冷通道、热交换系统构成，可根据机房具体建设要求，灵活选择不同制冷方式的制冷主机和制冷通道。建设配电系统，配电系统由市电输入、机房内配电以及后备电源构成，可根据机房具体建设要求，灵活选择配电方式以及后备电源时间。建设机房监控软件，通过部署在机房的各类传感终端，实现对机房内环境、配电、设备运行状态的实时监控。

8.4 构建政策制度体系

"数字大脑"建设是一项复杂的工程，为确保"数字大脑"总体目标达成，需要建立一套科学合理的政策制度来充分调动各方力量规范有序地参与"数字大脑"建设。"数字大脑"建设政策制度体系主要包括信息化项目建设、公共数据管理、网络安全管理和工作考核激励四方面的内容。

制定信息化项目建设管理办法，建立项目从立项审批、过程监督、验收审核到成效评估的审核把控机制，按照需求和问题导向的原则，将"数字大脑"建设要求体现到对各系统建设全生命周期的各审批环节，杜绝未批先建、只管建设不管运营等问题的发生，确保"数字大脑"建设的规范性。统筹各类项目集约建设，防止低水平重复建设，凡是"数字大脑"可以提供的能力，各系统原则上不得重复建设。对于"数字大脑"不能提供的能力，各系统在完成建设后须将能力归集到"数字大脑"，并向其他系统开放共享。

制定公共数据管理办法，明确各系统数据须按要求汇集到"数字大脑"，凡"数字大脑"能提供的数据，各系统原则上不得绕开"数字大脑"从其他系统直接获取，从而确定"数字大脑"作为数据共享交换平台的地位。大力推进数据开放共享，按照"数据共享为根本，不共享为例外"原则，将数据分为普通共享类数据、有条件共享类数据和不共享类数据三类，对于符合条件的数据共享申请，应及时同意开放，从而充分发挥"数字大脑"的数据赋能作用。按照"一数一源"的原则，明确各数据的生产单位和工作要求，形成数据共享服务目录，促进数据要求得到充分满足。

制定网络安全管理办法，按照网络安全"同步规划、同步建设、同步使用"三同步原则，在开展"数字大脑"系统架构、软件结构和功能设计的阶段就要充分考虑信息安全建设需求，并列入预算，确保建设的"数字大脑"符合国家等级保护规范。

制定信息化工作考核激励办法，综合运用部门及个人年度考核激励机制，充分激发"数字大脑"建设团队的积极性，确保发展目标落到实处、各项任务如期完成。对于从事信息技术研究的科研机构，积极探索"揭榜挂帅"模式，来调动科研团队的主观能动性，开展关键技术攻关和核心模块开发，实现科研与工程联动，以技术变革推动业务创新，解决"数字大脑"建设中的技术难点问题。

8.5 构建组织保障体系

"数字大脑"建设涉及跨部门、跨层级的工作协同，为保证在"数字大脑"建设过程中科学决策，高效推进，需要构建适合"数字大脑"建设的组织领导模式、项目管理机制、系统开发机制、产品设计理念以及跨部门协同机制。构建"领导有力、推进得力"的组织领导模式。"数字大脑"建设涉及理念、业务和技术，需要进行工作模式创新和管理制度重塑，要建立数字化改革领导小组，领导小组成员由单位一把手担任组长，相关分管领导担任副组长，各部门一把手小组成员围绕资源分配、工作协同方面的重大问题进行决策，有效推进"数字大脑"顶层设计、业务梳理、系统建设和数据治理等工作。要强化一把手意识，单位一把手要亲自谋划，各部门的一把手也要亲自推进。数字化改革领导小组下设办公室和技术组，其中办公室承担领导小组日常工作，负责政策制度、标准规范的制定，为领导小组科学决策提供有力支撑。办公室要善于发现工作推进过程中存在的问题，要善于思考形成有效的问题解决措施，要善于统筹协调各部门齐头并进以推进各项任务。技术组要汇聚"数字大脑"建设领域的技术专家和业务专家，定期开展专题研讨，对"数字大脑"全生命周期建设中的需求必要性、技术规范性、方案可行性和预算合理性进行专业把关。

构建"三张清单"的项目管理机制。把握"业务驱动、技术赋能"的工作要领，促进信息技术和业务发展的深度融合。"数字大脑"建设要牢牢关注发展所需、员工所盼和问题所向，深入梳理业务开展过程中存在的痛点、难点和堵点，梳理形成需求清单，以技术赋能的方式研究破解治理过程中各种难题的方法和举措，梳理形成任务清单和责任清单，确保各项建设任务的需求合理、任务清晰以及责任明确。要充分发挥督查"推进器"和考核"指挥棒"的作用，以进度推进会、项目建设简报等形式有序推进各项任务。

构建"自我主导下快速集成"的系统开发机制。主导开展系统架构、技术路线和标准规范等相关工作，大力推进"数字大脑"生态圈建设，聚集一批优秀的方案咨询商、产品提供商、软件开发商以及系统集成商，协同推进各生态参建单位按照既定规范、既定规则参与到"数字大脑"建设的各项工作当中，避免出现建设单位被供应商牵制这样被动的场面。

构建"以事组班"的跨部门协同工作机制。"数字大脑"建设涉及跨层级和跨部门的数据融合和业务打通，要根据具体事项组建对应的工作专班，专班由各部门业务人员和技术保障部门技术人员构成，不定期组织碰头会，共同推进数据治理、流程再造等"数字大脑"建设过程中需要深度协同的工作事项。

践行"以用户为中心"的服务理念。面向"数字大脑"类应用的最终用户，定期开展小组讨论、问卷调查、焦点访谈等，及时了解用户体验与用户关注点，要充分利用信息技术帮助用户减轻工作负担，提升协同效率。让数据多跑路，让员工少跑路。要站位用户视角，而不是管理视角去建设系统，不能让建设的信息系统增加用户的工作负担。

运营运维篇

　　科研机构治理"数字大脑"完成建设后，进入运营运维阶段。通过科学的运行维护和管理，科研机构可以更好地利用已建设的数字化能力，提升资源的利用效率，实现工作的高效和数据的安全，进而推动科研机构实现高质量可持续发展。科研机构应根据自身需要，建立相应的运行维护机制，确保科研机构治理"数字大脑"的运行和维护得到有效的保障和管理。

　　本篇主要围绕运营运维管理体系体制机制设计、规范流程制定以及工具手段建设等几个方面，阐述如何构建运营管理体系和运维管理体系，并详细介绍跨团队之间的关键工作流程、协同工作界面以及成效评价体系。

第九章　构建科研机构
治理"数字大脑"的运营管理体系

　　为了提升"数字大脑"沉淀的数据、算法、模型、知识、智能模块等公共数字资源的使用效益，避免各业务部门重复建设，需要一套完整的数字资源运营管理体系进行支撑。基于科研机构构建的"数字大脑"，通过数据通道和共享交换平台，实现与科研机构内部的多系统对接，形成具备自身科研机构特色、横向协同联动的公共数字资源共享模式。

　　一体化数字资源运营服务平台是科研机构服务体系的重要组成部分，用于满足科研机构内部多样化数字资源需求、跨部门协作管理需求、隐私性数据安全需求以及智能化技术支持需求，对促进公共数字资源集约化管理具有非常积极的作用。一体化数字资源运营服务平台架构如图9-1所示。

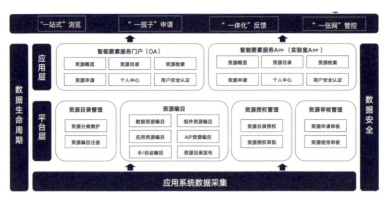

图 9-1 一体化数字资源运营服务平台架构

9.1 建设运营服务平台

9.1.1 平台建设目标

"数字大脑"一体化数字资源运营服务平台需要统筹整合科研机构全部的数字应用、公共数据、智能组件等数字资源,在全域数字资源作为坚实根基的前提下,平台同时可以支撑自研产品的设计、开发、整合、复用,强化业务信息系统的统筹规划。一体化数字资源运营服务平台建设目标有三个。

第一,对科研机构当前各个业务系统的公共数据、应用系统、算法组件等数字资源进行普查,补缺补漏,应记全记,将具备共享价值的数字资源全部打包上线,形成科研机构数字资源"总账本"。

第二,科研机构各业务部门可通过一体化数字资源运营服务平台进行智能要素搜索与使用,根据关键标签可快速查找获取用户所需的基础资源、设备、原料与服务,最大限度减少重复建设,避免项目盲目上马,节约科研机构资金。

第三，科研机构各业务部门可通过一体化数字资源运营服务平台享受"购物车式"的资源申请服务，实现实验室全域数字资源跨时空、跨部门、跨领域、跨层级的高效共享，使开发利用顺畅流通，全面提高资源利用效率。

9.1.2 平台核心功能

"数字大脑"一体化数字资源运营服务平台包括"一站式"浏览、"一揽子"申请、"一体化"反馈、"一张网"管控四大核心功能。

1. "一站式"浏览

科研机构用户可通过移动端应用及智能要素管理平台，实现对科研机构一体化数字资源运营服务平台内的数据、组件、应用、API 等资源进行有针对性的搜索。整体搜索过程支持关键字、搜索类型、资源用途、资源标签等的多条件筛选，最大限度方便用户的查找和使用。同时，科研机构一体化数字资源运营服务平台对搜索结果的展示更加开放，平台可支持用户查看数字资源展示的详情，如应用类数字资源的详情页，包括应用名称、应用功能详情、应用用户评价、开发者信息、申请使用权限等，充分贯彻全面共享的原则。以查询组件目录为例，可以实现组件目录分类和组件列表页功能。

组件目录分类：科研机构一体化数字资源运营服务平台管理员定时将应用组件按照使用功能、归属领域、组件类型等进行分类编目，并打上独立化标签，科研机构用户可以根据自己的需求，对功能、领域、类型等条目进行勾选式筛查，便于快速找到所需的组件。

组件列表页：科研机构一体化数字资源运营服务平台根据用户对组件资源的筛选条件，在确认用户信息真实、权限完整的前提下，将充分展示组件信息、组件版本号、下载申请、组件评价等，以全面、开放、合作、共享为原则，最大限度方便用户浏览和使用。

2.“一揽子”申请

科研机构一体化数字资源运营服务平台的注册用户可通过移动端应用及智能要素管理平台，获得对科研机构一体化数字资源运营服务平台内数据、组件、应用、API等资源的“购物车式”的申请服务。通过申请—审核—批复—下载自动化流程，科研机构数字资源即可实现跨时空、跨部门、跨领域、跨层级的高效共享和利用。科研机构一体化数字资源运营服务平台同时支持用户向数据提供方提交批量数据回流请求，首次申请可减少审批流程，缩短审批时长。针对申请审批流程，科研机构一体化数字资源运营服务平台也可支持管理员自主配置，实现审批角色及审批人的灵活设置，在专业性、安全性上做出双重保障。

以查询组件申请为例，可以实现组件申请和组件自主配置功能。

组件申请流程：科研机构一体化数字资源运营服务平台用户根据自己的需求，找到所需的组件之后，可发起下载申请流程。平台在审核用户权限、信息安全的前提下，根据组件归属类型、领域，推送给专业审批人员。在审批通过后，用户即可下载使用。

审批自主配置：科研机构一体化数字资源运营服务平台管理员定时将新上线组件进行专业性初筛，设置专业关联性较强的审批员。专业审批员可快速判别用户申请是否具备关联性、时效性、必要性等。避免无效下载，双向节约时间和资源，提高共享效率。

3.“一体化”反馈

科研机构一体化数字资源运营服务平台会根据数字资源使用情况和权限，定期进行数字资源系统性规划。平台支持审批记录查看和导出，支持用户对资源使用情况进行反馈，包括使用感受、建议等信息，支持反馈记录查看和导出。根据用户主动反馈和使用数据反馈，平台管理员在综合评估以上信息的基础上，审查申请表单（包含资源名称、用途、申请部门、申请人等信息，并支持上传相关证明材料）是否合理，资源申请过程中审批流程的自定义，包括审批人、审批顺序、审批结果等是否满足用户需求等，不间断地对数字资源使用情况进行监控和统计，及时完善用户使用体验，为科研机构一体化数字资源运营服务平台的长期资源管理和规划提供更好的参考依据。

用户主动反馈：管理员搜集用户通过平台内部反馈功能反馈的意见及科研机构内部多重渠道反馈的平台使用意见，综合筛查并进行复核，选取优质意见进行优化上线。

使用数据反馈：管理员可导出申请数据、审批数据，对各环节通过率、通过时长、申请审批次数等数据进行分析，找出问题并进行优化。

4."一张网"管控

科研机构一体化数字资源运营服务平台支持应用指标数据、数据运营管理以及平台组件数据的可视化，实现对平台资源的可见、可控、可管。

科研机构一体化数字资源运营服务平台支持应用指标数据看板：提供多种图标和图像，如柱状图、折线图、饼图、仪表盘等，实时更新展示平台上各项数据资源的指标。管理员可以根据自己的需要查看不同指标在单位时间内的情况，便于了解平台应用的整体情况。

科研机构一体化数字资源运营服务平台支持数据运营管理看板：针对管理者需求，主要提供平台整体的数据情况，包括平台的总体数据指标、用户分布、数据存储量等重要指标。帮助管理者了解平台运营的长期趋势。针对运营运维者提供平台的运营情况和维护情况，包括用户活跃度、访问量、故障率等指标。此外，该视图还可以提供实时的监控和告警功能，帮助运营运维者及时发现和解决平台运营中的问题。针对数源部门（单位）视图主要提供平台数据资源的情况，包括数据存储量、数据来源、数据使用情况等指标。此外，该视图还可以提供数据质量管理和数据安全管理功能，帮助数源部门（单位）确保平台数据的质量和安全性。

科研机构一体化数字资源运营服务平台支持组件数据看板：平台将提供多种图标和图像，如柱状图、折线图、饼图、仪表盘等，实时更新展示平台上组件资源的指标（如申请入驻、下载情况、审批通过率等）。管理员可以根据需要查看不同维度下的组件数据。

科研机构一体化数字资源运营服务平台以 "一站式" 浏览、"一揽子" 申请、"一体化" 反馈、"一张网" 管控四大核心功能为抓手，将数字资源申请上线、数字资源使用筛查、数字资源申请使用、平台使用体验优化、平台运营数据总览等重要功能串联并通，形成产品功能闭环，最终全面提高数字资源共享效率。

9.2 编制数字资源目录

"数字大脑" 一体化数字资源运营服务平台通过对科研机构业务系统的信息化基础设施、数字化公共数据、各部门应用系统、算法组件等数字资源进行全面普查，并将这些系统运行依托的硬件资源、产生的数据资源、算法组件等通用模块进行差异化分类编目，经过筛查，赋予每项数字资源唯一"身份编码"，利用智能检索、神经语言程式（NLP）、图谱推理等数据智能技术对每项数字资源进行精细化管理，最终实现硬件资源管到终端、数据资源管到条目、应用组件管到接口的科研机构数字资源管理"总账本"。

整体应遵循"一体化架构、差异化定位、多层级赋能"基本原则，以"构建统一的全域数字资源目录体系"目标为导向，全方位、系统性提升公共数字资源目录编制工作效率与质量，实现数字目录全域性、动态化管理，形成数字目录化、目录全局化、全局动态化。

公共数字资源目录编制包括信息系统普查、数字资源目录梳理、数字资源目录审核三个阶段。如图 9-2 所示。

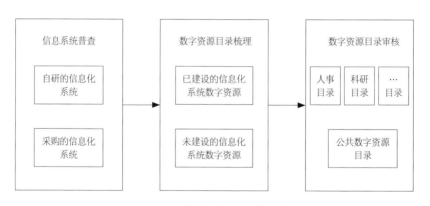

图 9-2　公共数字资源目录编制阶段

9.2.1 信息系统普查

信息系统普查，宜对本部门所有非涉密信息系统进行普查，包括信息系统名称、功能、系统状态、建设层级等。普查范围宜覆盖科研机构内各部门自建的信息系统和使用的统建信息系统。普查内容主要包括以下要素，详见表 9-1。

表 9-1 信息系统普查要素表

编号	要素名称	内容描述
1	信息系统名称	信息系统名称（全称）
2	系统所属部门	该系统所属的部门
3	系统功能、服务简介	信息系统概述，包括但不限于系统功能、服务简介等内容
4	系统功能清单	信息系统主要功能模块，如信息系统普查模块、数据目录编制模块、归集工单模块等
5	系统组件清单	该信息系统使用的通用组件名称，如单点登录、位置服务（LBS）等
6	系统所属项目信息	项目名称、立项审批部门名称、预算涉及的年度起始日期
7	系统使用日期	系统开始使用日期，格式 2017-01-01。若系统正在建设中，则填写"无"，只知月份的，日均填写 01
8	系统状态	包括建设中、运行中、停用等
9	系统类型	包括 OA 系统、业务应用系统、门户网站、宣传微博 / 微信公众号等
10	建设资金来源	包括上级配套资金、财政资金、单位自筹资金等
11	系统归口业务部门情况	归口业务部门（全称）
12	系统部署情况	包括自建机房、租用机房、政务云和第三方云等
13	网络环境	包括科研机构内网、互联网、业务专网等
14	系统使用范围	包括部门内部、单位内部、外部等
15	系统访问地址	该系统访问 / 登录地址，有域名的填写域名地址
16	建设层级	根据实际情况选择信息系统建设的层级（部门内部、单位内部、外部等）
17	系统数据情况	根据实际情况选填数据库格式（My SQL/MS SQL/Oracle/Sybase/DB2/Hbase/Access/ 其他）、系统数据规模、系统数据总量、系统数据增长情况，按每月业务发生估算数据增长

编号	要素名称	内容描述
18	系统等级保护情况	等保级别、等保备案机关、等保备案时间、等保备案编号
19	系统厂商情况	系统开发厂商、厂商联系人、厂商联系方式等

9.2.2 数字资源目录梳理

针对普查后的信息系统，进一步对数字资源目录进行梳理，主要包括数据资源和算法组件。其中数据资源目录的梳理遵循以下原则：对已建信息系统的数据资源，结合信息系统开发过程中产生的规范性文档辅助进行，如《软件需求规格说明书》《数据库设计说明书》等，梳理信息系统对应的数据资源信息，包括数据资源名称、数据项名称等；对未建信息系统的数据资源，宜结合业务涉及的材料、表单等进行梳理，细化至数据项，包括数据资源名称、数据项名称等。

1. 数据资源梳理内容

公共数据资源梳理宜保障数据资源目录要素完整、内容规范准确。公共数据资源目录包含以下要素。

● 数据资源标识符

● 数据名称

● 数源单位

● 数据摘要

● 数据格式，包括电子文件、电子表格、数据库、图形图像、流媒体、自描述格式等

● 重点领域分类，包括信用服务、医疗卫生、社保就业、公共安

全、城建住房等

● 数据项描述

● 数据项名称

● 数据类型，包括字符型 C、数值型 N、货币型 Y、日期型 D、日期时间型 T、逻辑型 L、备注型 M、通用型 G、双精度型 B、整型 I、浮点型 F 等

● 数据长度

● 字段描述

● 共享属性，包括无条件共享、受限共享、非共享

● 共享条件

● 开放属性，包括无条件开放、受限开放、禁止开放

● 是否主键，包括"是"和"否"

● 是否可为空，包括"是"和"否"

● 是否字典项，包括"是"和"否"

● 所属信息系统名称

● 更新频率，包括每日、每周、每月、每季度、每半年、每年、不定期等

● 创建日期

● 修改日期

2. 算法组件梳理内容

组件能实现某项功能，可以从原先系统中解耦出来，满足第三方平台调用，从而提升系统开发效率、质量和减少重复性建设的软件，例如用户类组件、业务类组件、交互类组件、智能类组件、空间类组件等。业务应用系统可基于组件提供编程方式（例如 REST 接口）进

行开发。组件梳理要素见表9-2。

表9-2　组件梳理要素表

编号	要素	备注
1	名称	组件的名称，如"OCR识别"
2	简介	简要描述组件的核心功能和应用场景，如"OCR识别组件是用字符识别方法将形状翻译成计算机文字，即对文本资料进行扫描，然后对图像文件进行分析处理，获取文字及版面信息"
3	输入	组件的输入，如"图片"
4	输出	组件的输出，如"文字"，如组件无输出，本项可不填
5	发布单位	组件的发布单位
6	发布单位联系人	联系人姓名，如"李大山，财务负责人"
7	发布单位联系方式	联系方式，电话、邮箱、地址等信息（电话信息必填）
8	来源系统	组件是由哪个系统拆解抽象出来的
9	组件生产厂商	组件由哪个厂商生产，填写厂商的名称
10	组件生产时间	组件生产的时间
11	生产厂商联系人	组件生产厂商联系人，包括联系人姓名、电话、邮箱、地址等（其中联系人姓名、电话必填）
12	组件归属单位	组件归属哪个单位，填写单位名称
13	部署位置	组件部署网域，根据实际情况填写，包括××政务云/互联网/视频专网等
14	部署方式	组件是通过什么方式部署的，如程序部署/服务代理/端口映射等
15	使用方式	组件共享后，使用方可以通过什么方式来使用这些组件，如"接口调用""页面集成""SDK包下载"
16	使用指南	组件的使用指南文档，以文档附件的方式提供
17	测试样例	组件使用的测试样例，测试样例以附件的形式提供，如"OCR识别组件的输入图片"和"OCR识别组件的输出文字"

编号	要素	备注
18	技术实现	组件通过什么技术来实现,如"REST API 接口 /MQ 接口 /SDK/ 界面集成"
19	业务场景	组件服务了什么业务场景,如"人力资源 / 科研发展 / 条件保障"等
20	典型实践	组件使用的一个典型实践,如"OCR 识别组件在入职人员录入系统中发挥了重大作用,减少了证件信息的录入量,提升了证件信息的录入质量"
21	已服务系统	组件服务了哪些系统
22	服务统计	组件一共提供了多少次服务
23	问题故障	组件运行过程中发现了哪些问题故障

9.2.3 数字资源目录审核

梳理的数字资源经过审核后才能上架,形成相应的数字资源目录,其中包括数据资源目录审核、算法组件目录审核。

1. 数据资源目录审核

数据资源目录审核,对梳理的数据资源目录进行整理、汇编,规范数据名称、共享属性、开放属性、数据项名称等,审核后形成公共数据资源目录。

数据资源目录审核过程分以下三个步骤。

第一步,各部门宜整理审核数据名称、数据项等信息,依据公共数据资源目录要素梳理模板,规范填写目录内容,提交本部门的公共数据资源目录。

第二步,科研机构信息化中心 / 大数据管理部门宜会同相关单位,对各部门提交的公共数据资源目录参照表 9-3 各项要素填写说明并进行审核。

表 9-3 数据资源审核要素说明

填写要素名称	说明
数据资源标识符	定义：数据资源目录的唯一不变的标识字符 数据类型：字符型 建议：必选项；参照 GB/T 21063.5—2007《政务信息资源目录体系第 5 部分：政务信息资源标识符编码规则》确定的代码结构规则，代码结构由前段码、后段码组成
数据名称	定义：缩略描述公共数据资源内容的标题 数据类型：字符型 建议：必选项；业务类数据资源目录命名为×××信息，该类数据含系统、数据库、报表、业务办理记录、业务情况等业务信息；证照类数据一般目录下有两部分，一部分是证照信息表，一部分是证照的版式文件；地理信息类资源命名为×××地理信息，该类数据为地理位置信息；其他类命名规则如数据资源名称涉及主表、子表、附表、×月、正本、副本等在数据资源名称后添加括号表示，同部门同名数据若内容确实为不同数据，且需要加以区分的，在前面加上系统名称简称作为前缀，用"—"连接系统名称与数据名称

第三步，审核通过后，应依据数据资源目录分类，汇集各地各部门的公共数据资源目录，形成本级公共数据资源目录。

2. 算法组件目录审核

组件目录审核需要对组件是否满足组件核心元素进行评估，并对输入组件的数据来源、数据大小、数据类型、数据格式做明确的规定，对组件的输出数据及其类型、格式等做明确的规定。对组件提供调用服务时自身出现的异常码要明确，系统级异常和业务异常要进行错误码区分。同时，根据对组件的质量评价结果来决定组件的上架等级。

依照表 9-4 中的维度对组件的质量进行评价，根据各维度的评分进行加权，根据最后的总得分确定上架等级，分数越高上架等级越高。

表 9–4　组件质量评价指标

评价维度	指标	打分(1—5,1分最低, 5 分最高)	说明
适用性	业务价值度（对内）		对业务本身的应用价值大小
	业务推广度（对外）		对同行的应用领域复制性大小
成熟度	结果可靠度		实际输出结果与预期的差异程度
	运维团队支撑度		开发运维团队服务情况
技术准备度	是否能解耦		从业务软件中拆出功能模块
	技术实现方式		以 REST API 接口、MQ 接口、SDK（例如 Java SDK、C#SDK、C/C++ SDK）、界面集成等方式集成
使用后评价	已服务系统数量		根据使用效果追加评价组件质量
	接口调用次数		
	发生问题次数		

9.3 构建运营管理体系

9.3.1 构建数字资源接入体系

数字资源是科研机构一体化数字资源运营服务平台运营的根基，其内容的丰富程度、专业性、扩展便捷性决定了"数字大脑"未来长期运营的根基。为了支撑平台长期数字资源的内容获取、更新，共创用户的参与性、互动性，激发科研机构科研群体的创新热情和科研精神，需从体系上对数字资源的接入进行规范和约束，形成接入工作的标准化和流程化。

下面以应用组件资源为例，展示常规数字资源接入"数字大脑"的基本流程及原则。

应用（或组件）上传审批：应用开发者选择自己认为具备使用价值的组件产品在"数字大脑"一体化数字资源运营服务平台进行上传，应用开发者上传应用（或组件）并根据平台要求填写相关信息，如名称、描述、版本号等。平台管理员需要对应用（或组件）进行审核，包括其安全性、稳定性、功能等方面。如果存在问题，管理员需要通知开发者进行修改、更新等操作。审核通过后，管理员将会在平台上发布该应用，供其他用户使用。

应用（或组件）版本更新：应用开发者在上传初代应用组件后，如有更新的迭代版本，应用（或组件）开发者可选择对其进行版本更新并重新提交审核。管理员需要对更新后的应用进行审批，以确保应用的安全性、稳定性、功能等。如果审核通过，管理员在平台上发布该应用的新版本，供其他用户使用。同时下载使用的用户需要及时更新版本，以免影响应用的正常运行。

应用（或组件）智能查重：应用开发者可在平台上进行智能化应用间查重，以确保所提交的应用不会与已有的应用存在重复或相似的情况。平台会基于关键词、文本相似度等算法进行应用间的比对，以确定是否存在相似或重复的情况。查重结果将会包含相似应用的名称、版本号、开发者等信息，以便于应用开发者了解和判断。同时，查重结果还会包含本应用与其他相似应用间的相似度详情，以便于应用开发者进行深入分析和判断。除此之外，查重结果还可以进行建设文档内语义查重，以确保应用内的文本内容不会与已有的应用存在相似或重复的情况。平台的查重结果支持导出报告，以便于应用开发者进行备案和记录。

9.3.2 构建数字资源申请体系

为了便于用户快速找到自己所需的数字资源，平台需要构建一套标签体系。应用开发者可以在自己的资源管理页面中定义标签并提交审核，平台管理员需要对标签进行审核并发布，平台用户可以通过标签进行筛选和浏览。同时，应用开发者也可以对自己的应用进行手动打标签，平台管理员进行审核后，打标签的结果会被纳入标签列表中，以便于平台用户更好地了解和使用重点应用标签。该标签体系可以让平台用户快速找到重要的应用，并且方便应用开发者进行应用推广和标签定义。

用户在通过多要素或者标签搜索查找到自己所需要的数据资源之后，开启申请使用流程。通过"数字大脑"一体化数字资源运营服务平台在线填写《批量数据申请表》《共享接口申请表》等申请信息，以便于平台管理员进行审核和处理。在申请过程中，平台用户还可以通过"申购车"进行先加入申购，最后一次性提交的便捷操作，以提高申请效率。

管理员可以在移动端或 OA 系统内进行审批，以便于随时随地进行处理。在审批时，平台管理员需要对申请的内容进行核实和判断，并根据资源的使用情况进行相应的审批。如果资源审批通过，平台会自动通过消息告知申请人，并开放数据资源使用权限。同时，平台用户也可以在个人中心模块内进行查看，以了解已经申请的资源和资源的使用情况。

同步支持移动端审批，便于申请者、管理者更加便捷地查看申请进度，开启审批流程。平台用户提交的数据资源申请审批数据在移动端 App 进行同步。平台管理员可以通过 App 获取审批工单并进行审批。在审批时，平台管理员需要对申请的内容进行核实和判断，并根据资源的使用情况进行相应的审批，审批结果将自动反馈给平台用户。审批结果及流程状态 App 及 OA 内同步。平台用户可在个人中心查找"我发起的工单"及该工单的审批详情。

数字资源使用申请过程中，"数字大脑"及平台管理者应充分考虑用户申领的便捷性，通过多要素自主查询、自定义标签，一站式"加购"等流程，不断优化数字资源获取的精准性、快速性。加入移动端审批加速审批流程，促使进度透明化，大幅提升用户体验。

9.3.3 构建平台持续优化渠道

"数字大脑"一体化数字资源运营服务平台作为覆盖科研机构全部业务部门的产品，用户多样性、复杂性、变动性极大，每时每刻都面临用户的考验。因此，充分尊重用户反馈是促进平台功能不断优化的必需途径。从用户回馈中，平台管理者可以分析出平台当前是否符合用户期待，在数字资源、操作方法、易用性和功能方面是否有缺陷。只有满足用户需求，才能与科研机构用户建立长久且有价值的共享关系。为此，"数字大脑"一体化数字资源运营服务平台通过建立以下机制来完善平台功能优化运营。

建立反馈渠道："数字大脑"一体化数字资源运营服务平台设专属意见反馈窗口，用户通过留言或者联系电话直接反馈，平台管理者记录，搜集用户反馈进行整理归类。同时，平台管理者可导出平台资源申请数据、审批数据，对比平台各业务环节通过率、通过时长、申请审批次数等数据，进行交叉式分析，找出当前可能存在的问题并进行优化。

反馈处理流程：无论是人工操作还是使用工具收集到的有效反馈，都需要按流程进行审核和处理，及时处理反馈和告知进度，明确处理时长规则是对用户基本的尊重。若采纳则将其转化为需求进行实现，同时给建议人以进度反馈和适当感谢。

"数字大脑"一体化数字资源运营服务平台通过建立长期互动式的反馈沟通渠道和流程，与用户建立长期稳定的促进关系，从而促进平台功能不断优化提升，有利于平台应对复杂的用户环境，成为科研机构可持续的数字资源共享平台。

第十章 构建科研机构
治理"数字大脑"的运维管理体系

对"数字大脑"及其衍生应用，围绕运维管理体制、运维管理机制、运维日常工作内容以及工具建设等方面，按照"业务导向、预防为主"的原则，构建运维管理体系，在保障"数字大脑"持续稳定运行的基础上，着力提高运维工作自动化率，降低运维成本。

10.1 "数字大脑"运维的主要特点

与传统信息化系统相比，"数字大脑"的运维在组织模式、评价指标、监控指标、运维工具以及人员技能要求等方面存在一些差异。

（1）运维组织模式区别。在"数字大脑"由信息技术支撑机构集中运维的基础上，将"数字大脑"衍生应用的运维责任分配给各系统归属方是一种常见的实践。这一组织模式的优势之一是信息技术支撑机构更适合负责业务主数据的汇聚与综合治理，其专业技术团队能够实施高效的数据管理流程，确保数据的一致性和准确性，综合视角有助于相关人员更好地理解数据全貌，支持全局决策，为"数字大脑"

性能保障提供有力数据支撑。通过制定和实施标准化的服务流程和最佳实践，为衍生业务提供一致性的服务体验，有助于各业务部门更好地集成"数字大脑"平台，并快速开发和部署与"数字大脑"相关的业务应用。

（2）评价指标体系区别。传统信息化系统运维的质量评价标准应主要围绕用户满意度来制定，包含业务流程效率、易用性以及系统可用性等 SLA 指标。根据 SLA 指标要求，运维部门负责规划算力资源、系统容错架构、故障自愈能力，以保障服务水平的稳定性与连续性。除上述评价指标外，"数字大脑"系统运维还需要关注模型性能与安全。模型性能是指通过准确性、精确度、召回率等指标来衡量模型预测或分类的准确程度和效果，需要建立一套有效的机制，确保模型在面对对抗性样本或输入数据质量干扰时能够持续适应，降低模型退化的风险，并持续追踪模型行为，在持续集成和持续部署（CI/CD）的工作流程中，通过调整模型参数、优化算法、改进特征工程等方式来提高模型性能。

（3）监控指标体系区别。为实现运维质量目标，传统信息化系统运维的监控，可利用前端埋点、APM 探针以及 Exporter 等技术，观测用户行为、系统响应时间、吞吐量、错误率、系统负载、存储空间、网络流量等指标以及系统安全事件和日志。综合考虑这些指标可以帮助系统运维团队及时发现问题，进行故障排除，并优化系统性能。对于"数字大脑"，由于数据质量与模型性能是持续演变的，除上述监控指标外，针对数据质量需要统计数据缺失比例、异常值比例、数据一致性、特征相关性等指标；针对模型性能，需要关注包括准确率、精确率、召回率、ROC 曲线与 AUC、混淆矩阵、对数损失以及回归问题中的 MAE 和 MSE 等指标。及时识别和处理数据质量问题以及模型性能下降，有助于确保"数字大脑"系统正常运行。

（4）人员技能要求区别。"数字大脑"系统运维涉及复杂的系统架构、高性能计算、大规模数据处理，要求运维人员熟悉深度学习和机器学习的基本理论，具备分布式系统的设计和调优经验，了解 GPU 加速计算的原理，能够将训练好的大模型有效地部署到生产环境中，并实现模型的服务化，确保模型在实际应用中能够高效运行。比较传统信息化系统，除了系统管理员、网络安全工程师、DevOps 运维工程师等人员，"数字大脑"系统运维还需要配置数据工程师，负责数据流的设计、开发和维护；机器学习工程师，负责对"数字大脑"系统进行性能分析、优化和调整，确保系统在高负载和大规模数据情境下仍然能够高效运行。

（5）运维工具区别。除了传统信息化系统运维常用的运维工具，如指标监控、日志分析、自动化运维等平台，"数字大脑"的运维工作还需要一些专用工具，包括 GPU 的性能分析工具，如 NVIDIA Nsight，可用于模型的性能优化；数据治理方面，如 Datasphere，提供数据管道维护与数据目录、元数据管理、数据质量监控等数据资产治理功能，确保数据流畅地传输，数据质量得到维护；模型指标监控方面，如 TensorFlow Model Analysis，监控模型在面对各种输入和环境变化时的稳定性和可靠性，提供准确率、精确度、召回率等指标的监控，同时还能够生成模型的混淆矩阵和其他评估指标。

（6）运维流程规范区别。"数字大脑"系统运维流程与传统信息化系统运维基本一致，但也存在一些差异，例如，模型升级时，常采用 A/B 测试方法逐步引入新的模型，测试通过随机分组比较不同版本的模型，以统计学方法评估它们在用户效果上的显著性差异，帮助开发团队确定哪个版本的模型更优。而传统信息化系统经常采用灰度发布，旨在逐渐引入新版本以降低风险，分阶段发布给特定用户或单位，并实时监控稳定性和性能。在数据管理流程方面，"数字大脑"运维中更加强调数据的质量、预处理和特征工程，而传统信息化系统运维则主要集中在数据库表单结构和数据维护上。总体上"数字大脑"运维流程可以参照传统信息化系统的运维流程。

10.2 构建运维管理体制

运维管理体制是指运维管理工作所涉及的组织结构、岗位职责与岗位权限等内容。科学与成熟的运维管理体制，有助于提高"数字大脑"及衍生应用的服务质量。

（1）构建运维组织架构。"数字大脑"作为公共支撑平台，通常由科研机构中的信息技术支撑机构负责大脑本体与小脑功能相关系统的整体运维、性能监控与安全管理，而基于"数字大脑"衍生的各类应用则一般由系统归属单位负责用户体验指标的观测与大脑赋能需求的定制。按照"统一管理、协同运维"的原则，信息技术支撑机构与应用主管单位共同构成运维负责单位，运维负责单位依据运维管理办法负责制定相关系统的运维实施细则，组织力量做好系统运维和推广工作，为运维成效评估、考核激励等提供制度依据。

（2）组建专业运维团队。相较于传统信息化系统，"数字大脑"还涉及多源数据分析治理、模型开发与管理相关平台的运维，对运维团队有着更高的技能要求。围绕基础设施、应用系统、信息安全可分别组建专业的运维团队。基础设施团队主要负责公有云或者专有云平台的运维，保障 CPU/GPU 弹性算力集群与存储资源池的稳定运行。应用系统团队则主要负责 PAAS 平台、"数字大脑"及衍生应用的稳定运行，包括大数据框架、知识图谱、全文搜索引擎、模型接口服务以及业务应用模块软件的运维。信息安全团队主要负责保障网络安全、数据安全和模型安全，其中数据安全对于"数字大脑"尤为重要，可以建设堡垒机、零信任系统、数据加密系统、数据脱敏系统等安全系统，实现数据与模型访问权限的精细化管理。

运维团队应强化梯段建设，设置高级、中级和初级运维工程师。高级运维工程师主要负责运维技术架构设计、运维质量管控及疑难故障处理等，中级运维工程师主要负责运维自动化技术开发、事件诊断与修复、系统性能分析、运维作业制定、技术培训与知识共享等，初级运维工程师主要负责系统性能监控、事件与故障响应与跟踪、运维作业执行、应用发布变更与升级等。应按照运维"自我主导、内外协同、安全可控"的目标，合理采用不同的团队建设方式，其中高级运维工程师建议采用外部专家和单位自有人员相结合的方式，尤其要充分发挥各系统供应商的积极性，为系统运维提供高级技术支持，中级运维工程师建议以单位自有人员为主，初级运维工程师建议以市场化外协人员为主，从而优化团队构成、降低运维成本。运维团队的岗位职责说明见表 10-1。

表 10-1 运维团队岗位职责说明

岗位名称	职责内容
云平台运维工程师	负责公有云或者专有云 IAAS 平台的日常管理与维护，以及专有云机房环境的整体运维工作

岗位名称	职责内容
数据库管理工程师	负责结构与非结构化数据库系统的管理、监控、备份与恢复等工作
数据开发工程师	负责大数据技术栈相关平台的维护，负责数据管道自动化作业的监控与优化
Python 开发工程师	负责模型性能评估与数据特征处理与标注
信息安全工程师	负责信息系统与数据的安全防护工作。掌握网络安全、系统安全与数据安全等相关技术，能够进行安全防范与风险评估
事件管理工程师	负责 IT 事件与故障的日常监控、报警、响应与恢复工作。掌握各种事件管理工具的使用方法，了解事件处理流程，具备较强的故障处理与应急响应能力
资产配置管理工程师	负责信息化资产的清查、配置管理与变更等工作
运维开发工程师	负责运维管理软件与工具的开发，提升运维自动化效率
DevOps 工程师	负责利用 DevOps 理念与工具改进软件交付与发布模式，实现更高效的软件交付与质量保证

（3）落实运维权限管理。权限管理的目标是确保"数字大脑"的稳定与安全。建立身份和访问管理系统（IAM），以简化和加强权限的管理流程。利用多种权限模型，如基于角色的访问控制（RBAC）模型、基于属性的访问控制（ABAC）模型等，遵守最小权限分配原则，实现灵活精细化的控制策略，向上层衍生业务系统与运维人员分配合理的权限。使用日志与审计系统，监控相关账号的操作行为。运维权限管理工作主要包括用户角色管理、组织结构管理、权限策略管理以及权限监控与审计。运维权限管理内容见表 10-2。

表 10-2　运维权限管理内容

名称	内容
用户角色管理	创建用户账户,并根据工作要求为用户分配角色
组织结构管理	根据单位组织与职能划分,创建管理组织结构,维护用户组织划分
权限策略管理	根据最佳实践与业务实际需求,制定安全访问资源策略,按最小分配原则进行用户管理权限分配,确保只有授权用户能够访问资源
权限监控与审计	实时监控用户身份验证与访问活动,定期审计日志,检查异常活动

10.3 构建运维协作流程

建立运维组织协作流程。运维协作流程协同方式规定了各运维单位和运维人员在故障应急、系统上线、系统变更等协作中的职责分工、沟通机制、作业流程和工作规范。科学合理的运维协作方式,是系统安全稳定运行的基础保障。常见运维工作内容的协作方式主要有以下几种。

(1)故障应急协作。故障发生具有一定的突发性和随机性,这对协同提出了较高的要求。故障应急处置应以尽快恢复业务运行为主要目标,相关运维单位需统一思想、通力合作,在故障管理负责人的统筹下,做到组织有序、处置得当,才能最大限度缩短故障时长,降低故障带来的损失。在故障上报阶段,要及时响应故障,快速进行故障原因定位。在故障处置阶段,各运维单位要充分沟通,避免出现事不关己的现象。在故障总结阶段,需要对故障原因、处理过程进行全面分析,及时总结故障处置过程中暴露的不足,并制定整改提升措施。应根据工作实际情况更新完善故障应急预案,通过故障应急演练,帮助各运维单位更好地理解工作程序，不断提高故障应急协同水平。"故障处理"协作流程如图 10-1 所示。

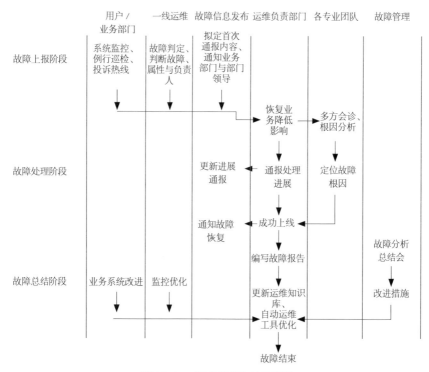

图 10-1 "故障处理"协作流程

（2）协同上线协作。应用系统完成开发后，需要通过标准化流程完成系统上线和交维准备工作，为应用系统稳定运行与运维工作的开展打下良好基础。系统上线具有较强的计划性和复杂性，计划性体现在系统上线前一般会明确实施内容、操作步骤、实施团队和计划时间，而复杂性则体现在系统上线会涉及开发测试、业务验证和用户服务等人员，需要各方高度协同。应充分做好上线前准备工作，业务部门人员、技术部门人员需要各司其职，完成上线方案制定。在上线变更阶段，需严格按照方案步骤有序实施，避免上线失败、系统回滚。在系统上线后，需及时组织业务验证，更新系统使用手册，并持续关注用户体验。"上线变更"协作流程如图 10-2 所示。

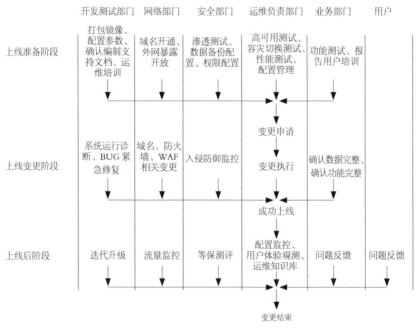

图 10-2 "上线变更"协作流程

（3）技术变更协作。应用系统完成上线后，需要持续迭代优化，通过标准化流程完成系统技术变更工作，是确保用户良好体验的重要措施。技术变更与系统上线相似，也具有较强的计划性和复杂性。相比系统上线，技术变更是对现有系统的升级，对现有系统造成的影响更大。在变更准备阶段，需要各专业技术组从全局角度进行考量，识别关联系统，分析依赖关系，评估影响范围，制定详细的变更方案并进行充分的测试验证后方可实施。在变更执行和变更后处理阶段，技术人员要具备较强的系统架构理解能力与沟通能力，能够宏观把握技术环境，设计精细的方案，与各方高效协作，选择科学的手段与工具，提高系统依赖关系的可视性与管理水平，建立自动化的变更方案制定与验证机制。变更协作流程如图 10-3 所示。

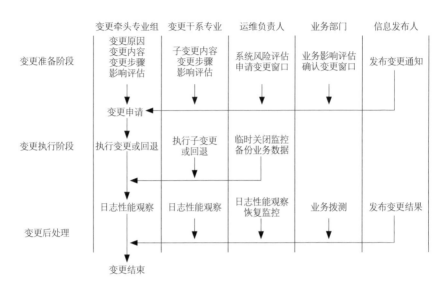

图 10-3 "变更协作"流程

（4）构建运维指标及考核体系。构建运维指标及考核体系能更好地推动各专业组统一运维工作目标，各单位根据实际情况，制定合理的运维指标范围，落实运维考核制度，能更有效地衡量运维工作对提升信息化服务水平的贡献，考核结果可以直接或间接影响岗位职级评定、薪资调整与职业发展，从而更好地督促人员按标准开展工作并激励其继续改进。

①事件处置水平。运维服务水平是衡量系统运维组事件响应和处置能力的一项重要指标。主要通过统计阶段故障事件响应及时率、事件定界准确率和服务快速恢复率，考核系统故障的应急协同成效。事件处置评估指标见表 10-3。

表 10-3 事件处置评估指标

指标名称	指标内容
事件响应及时率	计算公式：事件响应及时率 =（在响应时间内响应的事件数量／总事件数量）×100%
事件定界准确率	计算公式：事件定界准确率 =（根因的初步判断准数／总事件数量）×100%
服务快速恢复率	计算公式：服务快速恢复率 =（在 SLA 要求恢复时间内恢复的服务中断事件数量／总服务中断事件数量）×100%

②信息安全防护水平。信息安全防护水平是衡量信息安全专业组信息安全防护和处置能力的一项重要指标。主要通过统计阶段内网络信息安全事件，考核信息安全的主被动防护成效。信息安全防护评估指标见表 10-4。

表 10-4 信息安全防护评估指标

指标名称	指标内容
入侵检测数量	统计检测到的入侵次数。入侵次数越多，威胁级别越高
数据安全事件	统计因主动、被动数据安全保护措施不力，导致数据丢失事件的次数与影响后果
漏洞修复时长	发现系统漏洞到修复漏洞的平均响应时间，评估漏洞修复效率。发现与响应时间越短，效率越高

③用户满意度。运维服务工作的主要目标是提升用户满意度，用户满意度是衡量运维质量的一项重要指标。主要通过统计阶段内用户投诉数量及服务评分，考核运维工作的用户满意度。用户满意度评估指标见表 10-5。

表 10-5 用户满意度评估指标

指标名称	指标内容
用户投诉量	统计考核周期内用户对系统、服务及运维工作提出投诉的数量。投诉数量越多，满意度越低

续表

指标名称	指标内容
重复投诉率	统计考核周期内同一类问题用户投诉的数量，以评估问题解决的有效性
用户服务评分	通过问卷调查获取用户对服务质量、响应速度、服务态度等评分

④运维成本。运维成本是衡量运维资本投入与应用服务水平保障能力的一项重要指标。主要通过统计阶段内人员、技术和培训的成本，考核运维工作效率。运维成本评估指标见表 10-6。

表 10-6 运维成本评估指标

指标名称	指标内容
运维人员成本	根据维护系统规模与运维技术水平，统计最低运维人力资源成本
技术投入成本	评估统计运维平台软硬件建设成本，评估技术投入
培训投入成本	统计员工培训相关的投入成本，评估人才培养投入

⑤系统运行稳定性。主要通过统计阶段内系统故障引起业务不可用的时长和次数，考核运维工作的质量。系统运行稳定性评估指标见表 10-7。

表 10-7 系统运行稳定性评估指标

指标名称	指标内容
系统可用率	计算公式：系统可用率 = [（系统运行总时长 − 系统故障时长）/（系统运行总时长）] ×100%
业务故障事件	统计因运维措施不到位，导致系统发生故障引起业务不可用的次数

10.4 开展运维日常保障

（1）做好机房巡检。针对专有云基础设施保障工作，制订机房巡检计划，建立专业化巡检队伍，落实各项巡检任务，重点对机房环境、网络设备、安全设备及服务器设备的运行状态进行细致检查，及时上报巡检过程中发现的问题，做好处置闭环跟踪。机房巡检例行工作内容见表 10-8。

表 10-8　机房巡检例行工作内容

名称	内容
机房巡检	定期检查机房的温湿度、电源状态、消防设备等，发现异常情况及时处理，确保机房环境稳定
网络巡检	定期检查网络机房各类网络设备的运行状态、指示灯、报警信息等，检查网络线路的接头及标识，发现异常及时处理
云资源健康巡检	监控云资源的性能指标，管理云资源利用率，优化资源配置，保证应用程序和服务的性能需求
服务器巡检	定期检查服务器的运行状态、CPU/内存利用率、硬盘 I/O 状态等监控指标，确保服务器性能良好并发现问题
安全巡检	定期检查防火墙、IDS、IPS、防病毒等安全设备的运行状态、日志报警情况，确保安全设备正常运行

（2）做好数据资产管理。为"数字大脑"持续迭代提供坚实的数据基础，有效归集丰富、多样化、高质量的数据，确保"数字大脑"具备充分的能力。整合多源数据并实时处理数据流，包括结构化、半结构化和非结构化数据。依据安全法规与管理规定，做好数据资产保护与数据质量控制工作。通过文档和元数据管理，保证数据可理解性和可维护性，以及数据的时效性和适应性。数据资产管理的重点工作见表 10-9。

表 10-9　数据资产管理的重点工作

名称	内容
数据资产清单管理	维护所有数据资产清单，包含数据集、文件、数据库等
数据质量管理	制定数据质量规则，配置质量检查作业，发现并处理异常数据，如数据格式、缺失值等
元数据管理	建立数据目录，记录数据的元数据信息，包括数据来源、格式、更新频率等。对数据进行分类，标识业务关键数据和敏感数据
数据备份与恢复	制定备份策略，定期进行恢复测试，保证 RTO 与 RPO 达到目标要求
流程作业管理	实时监控数据工作流，提高整体处理效率。监控性能指标，确保作业按照预定时间表和顺序运行
数据所有权与访问控制	确定并维护数据所有权，确保只有授权人员可以访问，实时监控与审计

（3）做好监控与告警处理。"数字大脑"是支撑上层衍生业务的重要底座，"数字大脑"的性能、稳定性和效率直接关系到上层业务的可用性。举例来说，如果一个语音识别应用在语音数据识别处理速度方面存在问题，那么最终语音识别服务可能出现延迟。需要制定有效的监控指标与告警规则，实现 7×24 小时告警监控提醒机制，及时发现"数字大脑"服务异常，并制定故障分级分类处置流程，确保故障及时响应、高效处置。加强运维报告管理，持续完善运维知识库，提高故障处置水平。重要监控指标见表 10-10。

表 10-10　重要监控指标

名称	内容
接口延迟	衡量从"数字大脑"接口接收到请求到生成结果所需要的时间，针对实时性要求较高的场景，如语音识别、人脸识别，应该设置合理告警阈值

续表

名称	内容
吞吐量	表示"数字大脑"接口每秒成功处理请求的数量。针对高并发场景，如无感考勤系统，需要制定合并监控阈值，并结合弹性计算自动化设置动态适应压力变化
错误率与准确性	及时捕捉由内因或者外因导致的模型接口错误，关注模型预测准确性，保证模型质量，为模型优化提供运维反馈意见
CPU、GPU 资源利用率	关注"数字大脑"在线推理 CPU、GPU 资源使用情况，确保合理的算力资源，防止资源争用与冲突
WEB 埋点	收集、分析和评估用户在系统中的行为和交互，以优化用户体验和系统性能，评估大脑模型性能

（4）做好操作变更管理。做好变更前准备工作，执行变更过程需严格按照既定步骤进行，并做好变更后业务验证工作。操作变更工作内容见表 10-11。

表 10-11　操作变更工作内容

名称	内容
设计变更方案	确定技术实现路径、步骤、资源确认、回滚计划等。全面考虑各个方面因素，明确责任与联动，通过完备的测试与回退手段降低风险
执行变更方案	组织变更实施，在计划的时间窗口完成变更计划步骤。预判变更失败风险，组织回退

（5）做好网络安全管理。加强网络安全技术手段建设和日常运营管理，开展漏洞管理、病毒管理、入侵检测、数据备份、密码管理、证书管理、安全审计和安全培训。网络安全日常工作内容见表 10-12。

表 10-12　网络安全日常工作内容

名称	内容
漏洞管理	跟踪软硬件产品的最新漏洞信息，评估影响，并按重要程度及时修补，减少被攻击的可能
病毒管理	维护统一的病毒防护策略，及时更新病毒库和病毒防护产品，进行定期病毒扫描等，防止病毒感染系统
入侵检测	使用入侵防护产品监控网络流量、系统日志等，检测存在的入侵行为，及时采取响应措施进行隔离与修复
数据备份	制定统一的数据备份策略，定期对重要服务器、业务系统的数据进行全备份或增量备份，并定期进行备份恢复测试
密码管理	制定网络设备与信息系统的统一密码策略，定期检查密码强度和有效期，进行密码修改与更新
证书管理	对网络环境中使用的各类数字证书进行集中管理，包括证书申请、续期、吊销与更新等工作，保证证书有效性
安全审计	定期安排安全审计工作，收集和分析用户操作行为、网络访问情况、系统运行配置等，发现不安全设置和行为并及时改进
安全培训	定期针对不同员工开展网络信息安全方面的培训，提升全员的安全意识与素养，减少人为的不安全因素

10.5 加强运维工具建设

运维工具建设主要包括数据自动标注系统、数据治理开发平台、零信任系统、业务监控系统、资产管理平台、堡垒机平台、配置管理平台、运维工单系统以及自动化运维工具的建设。

建设数据自动标注系统。使用成熟模型进行自动化标注非常有前景，通过应用预训练模型、机器学习算法或规则引擎等技术，自动为数据集中的样本进行标注或注释，旨在减轻人工标注的负担，提高数据准备的效率，可以实现对新任务的迅速适应，但仍需人工进行验证和调整，以确保生成的标注符合高质量标准。

建设数据治理开发平台。数据管道作业过程复杂且冗长，涉及数据交换、脱敏清洗、分析挖掘、质量检测、可视化展现、生成 API 接口等步骤，面对数据不断增长、来源多样化和业务需求复杂化等问题，为了提升数据开发效率与质量，需要打造一站式数据治理开发平台，支持在统一 UI 下，以图形化拖拽的方式完成工作流的编排，并提供自动化作业执行结果的监控与告警，使得作业流程正常按时完成，确保数据质量与时效性。自动执行重复性的任务，可减少人工干预的需求，提高整体数据治理与开发的效率。

建设零信任系统。"数字大脑"系统中的敏感数据和模型离不开安全保障。零信任系统通过强制身份验证、实施细粒度授权、使用加密传输、实时监控和响应异常行为以及微分隔离等措施，确保只有经过验证的、合法的实体才能进行调用和访问敏感资源，降低未经授权的访问风险，防范数据泄漏和恶意攻击，为服务之间的 API 调用提供数据和模型保护机制。

建设业务监控系统。按照"一体化监控"目标，建立对"数字大脑"及衍生应用系统、网络安全防护系统及基础设施系统的实时统一监控，通过采集相关性能指标与运行数据，实时掌握业务系统、IT 基础设施、中间件服务、用户访问等不同层面的健康状况，并进行统计、分析与预警，为运维故障发现、性能管理与事件响应提供技术支撑。通过观测"数字大脑"模型的推理延迟、准确率和吞吐量等性能指标，可以帮助识别模型退化、资源不足或数据质量问题。

建设资产管理平台。资产是运维管理的对象，事件影响分析、责任定位与任务分配需要准确的资产信息，权限管理也依靠信息进行对象识别与管理，资产信息准确性直接决定运维管理的覆盖面与效果，资产数据缺失将造成运维故障与管理盲点。建设资产管理平台，支持资产发现、资产录入、资产变更、资产核对和资产统计等功能，实现资产从新增、变更到注销全生命周期管理。

建设堡垒机平台。堡垒机提供统一登录地址，实现远程登录与权限管理的入口统一，通过用户认证与权限控制，实现对后台服务器与网络设备的集中管理与管控，防止非授权访问。建设堡垒机平台，支持身份认证、资源授权、访问控制和操作审计等功能，通过记录用户的登录与操作行为，使运维过程可追溯，有助于发现异常情况，在简化权限管理工作的同时，提高了信息安全性。

建设配置管理平台。配置管理平台可实现对信息系统配置项全生命周期的集中管理，功能包括配置项属性管理、版本管理、变更管理、自动化部署、审计回溯与权限控制等。配置项属性管理通过对配置项属性的标准化，提升配置规范性，减少配置差错。版本管理通过记录配置变更前后的变化内容，实现配置变更可回溯。变更管理通过建立变更审批流程，确保变更程序的严谨性。自动化部署通过打通系统接口，实现配置自动同步，提升配置效率。定期审计回溯有助于管理监督与验证，确认管理规范执行情况与功能更新是否正常。

建设运维工单系统。运维工单系统实现对运维事件与工作任务全过程的可视化管理。通过工单录入、分类分配、状态跟踪、服务质量评估与报表统计等功能，实现对运维工作的量化分析与管控。工单录入应支持手工录入及自动录入两种方式。自动录入：通过打通运维工单系统和系统监控系统，实现告警信息同步采集，自动完成工单录入。工单录入后，系统根据事件类型、紧急程度等维度进行分类，并按照事件处置责任人进行工单分配。工单分配后，可对工单处置状态进行跟踪，便于掌握工单当前处置进度。工单处置后，可对历史工单进行统计分析，实现对事件与工作的全局把握，为预算编制、人力规划与资源分配提供数据支撑。同时通过关键指标分析运维工作效果，可发现问题采取改进措施，支撑服务质量评估工作开展。

建设自动化运维工具。根据运维工作需求，自动化运维工具可以是脚本或者功能平台。将规律性的事务抽象固化为脚本与参数，输出Python、Shell、Ansible 等形式的脚本，比如使用 Ansible 编写脚本来自动化部署、配置和更新机器学习模型的服务和依赖项，确保环境的一致性，利用 Python 可以编写脚本来自动执行数据清理、数据转换、模型训练等任务，同时通过调用相应 API 实现对服务的自动化管理，通过系统 Crontab 或者特定触发机制自动执行脚本，从而完成相关作业任务。对于复杂性事务的自动化执行，可以使用可视化自动调度平台来完成，例如，Jenkins 可以与各种版本控制系统集成，实现模型训练和部署的自动化，确保持续集成和持续交付（CI/CD）。

展望篇

　　可以说，科研机构治理"数字大脑"的发展历程，在一定程度上折射了科研机构创新能力的提升过程。在国家加快建设科技强国、实现高水平科技自立自强的大背景下，科研机构治理"数字大脑"将持续展现出特有的优势与活力，呈现出科研组织机制更加科学、人才汇聚效应更加明显、重大科技成果更加涌现、科技投入效能更加优化、考核评价机制更加有效的发展态势，推动着科研机构实现高质量发展。

　　随着网络空间环境的不断变化、数字技术的不断突破和国家政策的不断创新，科研机构治理"数字大脑"的发展面临新形势、新使命、新任务，也将迎来更大的发展机遇和发展空间。本篇基于前面的研究，对未来科研机构治理"数字大脑"趋势进行研判，并提出相关建议。

第十一章 未来数字技术发展的趋势

当前，人工智能大模型技术取得重大突破，数据作为核心要素越来越受到广泛的重视，数据确权交易体系日益完善，各层级各单位均加快数字化转型。未来，人工智能技术将快速发展，数据将释放更大的价值，加快推进数字变革创新，数字技术将更为广泛地应用于社会和经济生活，对人类生活方式产生更为深刻的影响。

11.1 大模型技术取得重大突破，推动人工智能技术快速发展

大模型是指通过训练，从大量标记和未标记的数据中捕获知识，并将其存储到大量的参数中，以实现对各种任务进行高效处理的技术架构。一般来说，参数越多，模型越大。2022 年 11 月，美国 OpenAI 公司发布 ChatGPT（全名 Chat Generative Pre-trained Transformer），ChatGPT 是人工智能技术驱动的自然语言处理工具，参数已经达到了千亿级别，它能够通过理解和学习人类的语言来与人类进行对话，还能根据聊天的上下文与人类进行互动，真正像人类一样来与人聊天交流，在撰写邮件、编写代码、翻译文稿、创作脚本以及生成论文等方面已

经展现出惊人的效果，甚至在某些任务完成效果上已经超越了绝大部分人类的水平。据报道，在美国律师资格考试中，GPT-4 可以超过大约 90% 的人，在美国法学院入学考试中，GPT-4 可以超过 88% 的人。大模型通用泛化能力的显著增强，标志着人工智能大语言模型技术取得重大突破。未来随着大数据和计算能力的不断提升，大模型将能更容易辨别生成内容的真伪，逻辑推理能力和全局性规划能力也会显著提升，大模型也将朝着更大规模、更高性能表现、更广泛应用场景、更好解释和可靠、更个性化服务的方向发展。

大模型技术的出现将推动人工智能从辨别式向生成式转变，从感知理解向生成创造转变，最终实现从狭义智能向通用智能转变，这是一个关键里程碑，将极大推动人工智能技术特别是生成式人工智能（AIGC，Artificial Intelligence Generated Content）技术的快速发展，形成文本生成、图像生成、视频生成、音频生成等能力，将广泛应用于影视创作、艺术创作、文字创作等领域。这一跨越式转变让人工智能更好地融入我们的生活，改变信息交互方式；更好地融入我们的工作，改变内容创作方式；更好地融入生产系统，改变管理服务逻辑，也为我们创造出无限的想象空间。

11.2 数据确权交易体系不断完善，推动数据释放更大价值

数据作为继土地、劳动力、资本、技术之后又一重要的生产要素，得到越来越广泛的共识。2023 年 3 月，国务院开展机构改革，组建国家数据局，与国家粮食和物资储备局、国家铁路局和国家能源局等部门并列，标志着数据作为数字经济时代的 "石油"，受到了国家

的高度重视。但由于数据的可复制性、非竞争性、权属复杂性等特点使得数据很难合法交易和充分流动，数据的价值有待进一步挖掘。随着政策的不断清晰、制度的不断完善以及技术的不断进步，数据确权交易体系将不断完善，推动数据释放更大价值。一是政策层面，2022年12月，《中共中央 国务院关于构建数据基础制度更好发挥数据要素作用的意见》（以下简称《意见》）指出，数据基础制度建设事关国家发展和安全大局，要促进数据合规高效流通使用、赋能实体经济，统筹推进数据产权、流通交易、收益分配、安全治理，加快构建数据基础制度体系。《意见》的出台拉开了中国数据基础制度从宏观政策主张走向具体实践的序幕，中国数据要素市场建设将进一步提速，为加快构建数据基础制度体系、进一步释放数据要素价值、激活数据要素潜能指明了方向。二是制度层面，有关地方政府根据《国家数字经济创新发展试验区实施方案》，围绕数字经济立法积极开展数据管理条例试点工作。据不完全统计，截至2023年3月，全国已有23地出台"数据相关条例"，各地数据条例将培育数据要素市场、公共数据开放共享利用、数据安全治理作为共同的关键内容，推动数据基础法律法规不断突破，促进各地大数据产业健康发展。三是技术层面，新一代数据确权与交易关键技术通过结合现代密码技术和不可更改的数据库技术，围绕数据的权属声明、交易的可追溯性、数据的无争议送达等方面，实现买卖双方均可信任的数据交易机制和争议解决机制，为构建涵盖多行业、多领域、多平台、多人群、多机构的数据交易体系打下良好基础。

在不久的将来，不同领域、不同行业、不同机构之间数据的确权变得更加清晰，数据的定价变得更加合理，数据的流通变得更加顺畅，数据的交易变得更加频繁，数据要素将引发新的生产要素变革，加快重塑各行各业的生产方式和商业模式，数据的价值也将得到进一步的释放。

11.3 数字化转型加快挺进"深水区"，推进数字变革创新

近年来，中国消费端数字经济和数字政务服务均取得了长足发展，网络购物、线上社交、手机游戏等各领域应用深入民心，直播、短视频等新模式新业态不断涌现。全国线上政务服务体系基本建成，线上办事渠道更加多元、各类应用深入普及，民众数字参与度持续提升，更多人民群众享受到了数字技术带来的便利。从政策、行业和企业层面来看，数字化转型正在加快挺进"深水区"。一是从政策层面来看，2023 年 2 月，中共中央、国务院印发了《数字中国建设整体布局规划》（以下简称《规划》）。《规划》强调，要以数字化驱动生产生活和治理方式变革，为以中国式现代化全面推进中华民族伟大复兴注入强大动力。数字中国建设体系化布局更加科学完备，经济、政治、文化、社会、生态文明建设各领域数字化发展更加协调充分，有力支撑全面建设社会主义现代化国家。《规划》的出台，标志着数字化的内涵定位和工作目标都得到了进一步的提升。二是从行业发展来看，我国数字化转型进程不断提速，新技术、新业态层出不穷，尤其是 5G、人工智能、大数据、区块链等新一代信息通信技术不断涌现，行业开始更加关注利用数字化手段解决发展过程由于复杂性、随机性和突发性等问题带来的诸多不确定性。三是从企业层面来看，数字化转型已然从提高效率的工具转为创新发展模式、强化发展质量的主动战略。

从局部转型变为对全局乃至整个流程的优化。从单一领域、单一行业转变为对全行业、全生态的全面覆盖。数字化转型逐步成为企业破解管理难题、实现高质量发展的重要手段。

数字化转型加快挺进"深水区"，将推动数字变革创新。一是通过数字技术与现代经济社会运行的全面融合，实现从底层逻辑上改变制度建构、制度运行等方式，增创数字时代体制机制新优势；二是进一步增强领导干部数字思维、数字认知、数字技能，全面提高其对现代化的把握能力、引领能力和驾驭能力；三是进一步推动数字化理念深入人心，全社会共同关注、积极参与数字中国建设的良好氛围加速形成；四是进一步推进跨部门跨层级跨领域的业务流程优化、制度重塑、系统重构，打造自我变革、创新驱动、系统高效的变革型组织。

第十二章　数字技术对科研机构
治理"数字大脑"未来的影响

随着数字化时代科学技术的不断进步、政策制度的不断完善，科研机构治理"数字大脑"将变得更加智能，数据更加贯通，最终将加速科研机构变革重塑。同时随着网络空间安全形势的日益严峻，科研机构治理"数字大脑"面临的网络安全挑战也日益加剧。

12.1 技术变革将进一步加速科研机构治理"数字大脑"变得更加智能

随着人工智能大模型、情感计算等前沿技术的快速发展，科研机构治理"数字大脑"的感知、分析、记忆、学习、决策和演化能力将变得像人脑一样更加智能。

一是"数字大脑"的感知能力更强。感知是指从环境中获取信息，融合多种信息并理解信息含义。随着跨媒体内容识别、文本挖掘和情感计算等技术的发展，"数字大脑"在事件感知、意见感知基础上形成的态势感知能力将变得更强，广泛应用于事故检测预警、舆情意见获取以及舆情态势感知等领域。

二是"数字大脑"的分析能力更强。分析是指对感知的信息进行关联融合、分析研判、趋势预测和因果推断。随着基于多源异构数据的各类算法、模型的持续增强，"数字大脑"的描述性分析、诊断性分析和预测性分析能力也将不断提升，广泛应用于事故、舆情、风险的综合分析、趋势预测等领域。

三是"数字大脑"的记忆能力更强。记忆是指对获取的知识进行存储、融合、组织管理和检索。随着多模数据库技术的不断发展，知识表示、知识库构建以及多库知识融合能力将变得更强，事故知识库、成果知识库等专业知识库构建将变得更加高效。

四是"数字大脑"的学习能力更强。学习是指"数字大脑"通过获取知识、训练模型、逻辑推理等方式增强能力。随着基于样本的机器学习、基于激励的强化学习、基于逻辑的符号学习以及基于人类知识的人机交互学习等技术的进步，"数字大脑"对于知识的学习能力也变得更强。

五是"数字大脑"的决策能力更强。决策是指基于分析结果和问题目标给出解决问题的策略或方案。随着深度强化学习算法、多主体协同优化等技术的进步，"数字大脑"将在决策模拟推演、智能任务规划等领域发挥更大作用。

六是"数字大脑"的演化能力更强。演化是指通过学习能力和知识的积累实现"数字大脑"能力的持续提升。随着知识库演化、规则演化、模型算法演化以及基于人机交互演化等技术的进步，"数字大脑"的演化迭代能力也将变得更强。科研机构要紧紧抓住技术发展带来的机遇，加快提升"数字大脑"智能化水平。

12.2 科研机构治理"数字大脑"将加速与各层级各领域大脑融通

　　行业、产业、政府通过新基建、数字政府建设以及数字化转型，在推动数字经济发展的同时也将不断产生各类"数字大脑"。以浙江省为例，从省域层面而言，有系统大脑和领域大脑；从市域层面而言，有城市大脑；从基层层面而言，有科研机构大脑、高等院校大脑等。数据作为数字经济时代最重要的核心生产要素，只有各领域各层级数字大脑的数据流动起来，才能充分发掘数据要素红利，有效促进数据要素的使用与价值开发。把科研机构数据和社会数据、市场数据、行业数据进一步贯通起来，通过"数字大脑"的作用，把整体智治和高效协作更好地加以驱动，赋能各个领域改革的深化，如此才能取得更好的成效。目前，由于数据的可复制性、非竞争性、权属复杂性等特点使得数据很难合法交易和充分流动，但随着数据确权交易体系的不断完善，科研机构治理"数字大脑"将加速与各层级各领域大脑融通。见图 12-1。

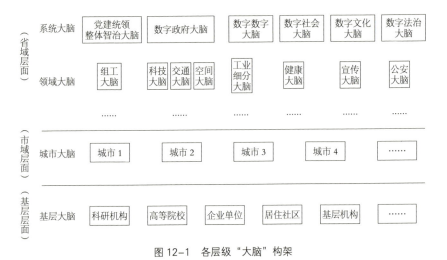

图 12-1　各层级"大脑"构架

一是贯通市域层面的"数字大脑"。近几年，智慧城市建设取得了长足的发展，但是无法全面覆盖园区、社区、楼宇等城市基础组成单元，随着城市规模的不断扩大，城市基础组成单元治理面临越来越大的挑战。科研机构运行的物理空间作为城市重要的基础组成单元之一，是城市发展的基本要素，贯通城市大脑与科研机构治理"数字大脑"，可以有效打通智慧城市"最后一公里"，将城市治理能力延伸至城市基础组成单元，城市大脑与科研机构治理"数字大脑"在交通出行、便民服务、社会治理以及应急处置等方面可以形成业务互融互促的良好局面。

二是贯通省域层面的"数字大脑"。以贯通科技大脑为例，科技创新资源的整合与协同是重大科技攻关项目推进的一大难题，资源分布的广泛性，导致了创新资源封闭、创新信息不对称，从而造成创新主体协同水平低下、创新资源整合利用困难，使得创新重复和创新效率低下等现象仍然存在。通过打通国家级科技大脑和科研机构治理"数字大脑"之间的数据，可以让科研机构以极其方便、快捷、高效的方式收集、整理和共享信息和知识，并串联起科技创新全过程，各科研机构通过汇集关联不同来源、不同内容、不同维度的数据，可突破时空限制，实现资源更为有效的配置和动态调整，从而实现大协同、大分工、大合作。

12.3 更智能化的"数字大脑"将加速科研机构变革重塑

随着信息技术的逐渐渗透、广泛运用和充分融合，"数字大脑"变得更加智能，并推动科研机构组织体系、干部能力和发展动能加速变革重塑。

一是加速组织体系变革重塑。依托科研机构治理"数字大脑",以数据流整合决策流、执行流、业务流,推动各领域业务流程再造、工作体系重构、体制机制重塑,实现科研机构治理各环节相互关联、紧密连接,使每一项任务、每一个领域实现从宏观到微观、从定性到定量的精准把握,从而深刻改变科研机构的组织形态、运行方式,推动打造自我变革、创新驱动、灵活弹性、协同高效的变革型组织。

二是加速干部能力变革重塑。依托"数字大脑",把数字化理念、数字化手段贯穿到科研机构各领域各环节的工作当中,帮助干部强化前瞻性思考、战略性谋划,提升新时代领导干部的洞见力、先决力、整合力、耐压力、执行力、创新力、学习力和自我革新力,全面提升干部对现代化的把握能力、引领能力和驾驭能力。

三是加速发展动能变革重塑。依托"数字大脑",科研机构运行将由流程驱动向数据驱动转变。流程驱动从人的经验和直觉出发,流程驱动的过程需要人的参与和决策,其过程是非自动的,是具有人为主观性,并受限于个人经验的。数据驱动指的是生产流程中的行为是被数据驱动而不是被人的直觉和经验驱动的。数据驱动下出现变化需要优化时,只需模型和数据重新训练优化,迭代速度远快于流程驱动,科研机构竞争能力将得到质的提升,从而激发科研机构内生动力,加快构建形成新的发展动力体系,全方位增强发展活力。科研机构要围绕"数字大脑"建设、应用创新及数据供给,进一步提升"数字大脑"一体化水平,推动科研机构变革创新。

12.4 科研机构治理"数字大脑"将面临越来越严峻的网络安全挑战

科研机构治理"数字大脑"作为科研机构数字化改革牵一发而动全身的平台中枢，承载了科研机构相关领域重要敏感数据和信息，属于需要重点保护的重要基础设施系统。然而，因为外部网络空间安全隐患的日益严重以及科研机构内部网络安全防护体系的不完善，科研机构治理"数字大脑"将面临越来越严峻的网络安全挑战。

一是来自科研机构外部的挑战。国家级网络攻击愈演愈烈，受地缘政治的影响，全球网络空间局部冲突将不断升级。以窃取敏感数据、破坏关键信息基础设施为目的的国家级网络攻击复杂性将持续上升，科研机构作为国家重要的科技创新主体，将不可避免地成为国外敌对势力攻击的重点对象。近些年，数据交易黑色地下产业链活动日益猖獗，工业制造、政务、医疗、金融、交通等领域数据泄露事件持续频发，数据安全问题已成为全球的关注重点，各国纷纷将数据安全上升至国家安全层面，设立相关机构，完善数据安全法规和政策。

二是来自科研机构内部的挑战。近些年，随着数字中国战略的实施，科研机构大力推进应用系统建设，但相应的网络安全的投入与建设明显滞后，许多应用系统安全防护能力低或处于不设防状态，存在着极大的信息安全风险和隐患，"重建设轻防护"的现象仍然普遍存在。从近几年发生的安全攻击事件来看，因为单位内部人员的疏忽大意导致的事件时有发生，系统管理维护人员乃至单位内部全员的安全意识和防护能力也有待提升。在计算机软硬件的生产领域，我国在关键部位和环节上仍受制于人，计算机硬件中许多核心部件特别是 CPU，都是由外国厂商制造的，如果不摆脱过于依赖国外技术的困境，则无法从根本上解决网络安全问题。科研机构要积极面对外部网络安全的严峻形势，加快提高网络安全防护水平，守好网络安全防线。

第十三章 提升科研机构
治理"数字大脑"水平的对策建议

基于未来科研机构治理"数字大脑"的发展趋势，结合科研机构数字化改革，重点围绕提升"数字大脑"一体化水平、提升"数字大脑"智能化水平、提升数据深度开发能力以及提升网络安全防护水平，加快打造健壮稳定、集约高效、安全可信、开放兼容的"数字大脑"。

13.1 提升"数字大脑"一体化水平

一是"数字大脑"建设一体化推进。构架更趋一体化，确保基础设施体系、数据资源体系、应用支撑体系、业务应用体系及用户入口体系均按统一架构、统一标准设计、开发和部署，达到技术架构一致性、基础功能兼容性、通信互联标准性、应用接入规范性，持续夯实"数字大脑"一体化；建设更趋一体化，加强项目立项审批、过程监督、验收审核和成效评估，通过关键环节管控，建立起对"数字大脑"数字资源共建共享工作机制，避免重复建设造成投资浪费；运维更趋一体化，建立健全贯穿云、网、数、端、应用的一体化大运维保障体系,形成责任分担的运维协同机制及管理考核制度,以用户整体体验为目标,全面提升"大脑"的稳定性和应用的可用性。

二是数字资源一体化供给。健全一体化数据目录,做到全量编目、动态更新、协同应用,实现数字资源"一本账"配置,推进一体化数据治理,完善数据回流和治理机制,通过数据交叉认证关联分析,提高数据供给质量和响应速度,推动数据源头治理、综合治理,强化公共数据闭环管理;加强一体化数据集成,建设完善基础库、专题库、部门仓,迭代优化数据产品、数据服务体系,为各部门多跨协同应用提供全量、准确、标准、易用的数据资源。落实一套数据标准,对基础性、通用性的数据实现一套标准,全面规范数据采集、传输、存储、加工、服务全过程。充分发挥一体化数据资源系统价值,实现数据、组件、工具高效共建共享。

三是"数字大脑"应用一体化贯通。聚焦科研机构治理高效协同、整体智治,从平台融合、数据共享等方面发力,构建纵向到底、横向到边的治理模式。纵向要一体化,各层级一体推进、步调一致、高效协同,实现自上而下的顶层设计与自下而上的应用场景创新相结合;横向要一体化,各部门各领域一体推进、步调一致、高效协同,实现相互贯通、系统融合和综合集成。业务之间要一体化,网络、平台、数据、场景要统筹规划、整体设计、一体考虑,发挥整体的最大效应。

13.2 提升"数字大脑"智能化水平

通过打造支撑科研机构治理现代化的智能工具箱,推动各部门提升感知、分析、决策和执行智能化水平。

一是构建多样化、智能化组件库。探索组件合作新模式，促进组件选择更丰富。结合前沿的自然语言处理技术、视频智能分析、数据可视化、语音智能问答等人工智能技术，建设智能组件，为各部门开发业务应用提供组件支撑。

二是健全数字孪生高标准支撑体系。形成数字孪生体系的数据、模型、组件、指征等集合。借助积累的大数据模型以及人工智能算法进行预测、决策，乃至主动地对执行层的人力、设备等资源发出指令并引导执行全过程。

三是积极探索应用 AI 大模型技术。建设面向科研机构领域大模型，利用文本、视频、图像、语音等多模态内容自动生成技术，解决知识自动生成、知识表达等关键技术问题，更好地帮助科研机构科研人员管理知识，提升科研创新效率。

13.3 提升数据深度开发能力

持续完善数字资源高质量供给体系，进一步深入挖掘数据资源分析利用价值，推动数据融合、加工、碰撞，开发数据服务，深度赋能应用创新，聚焦科研创新发展、人才队伍建设、科研成果转化等重点领域，加大数据治理力度，实现数据的再创造和价值的再提升，带动管理创新和模式创新，助力科研机构高质量发展。

一是打造标准化、高复用的数据模型。围绕特定场景业务需求，对数据进行深度融合、分析加工、挖掘形成标准化的数据模型，供各业务场景各领域应用复用，推动数据资源高效集约开发利用。

二是搭建便捷化、智能化的数据工作台。搭建面向业务部门、业务工作人员的数据分析型工作台，提供各类已融合加工好的数据模型，供业务人员根据需求自定义圈选、可视化分析、制作数据分析报告等，对拟解决的业务场景进行镜像式模拟预演，辅助业务决策。

三是创建参与式、协同式的数据服务。围绕重大战略目标，在确保数据安全的前提下，探索科研机构数据开发利用，加工形成更多的数据服务产品，进一步发挥数据价值，赋能治理现代化。培育开发新型数据服务生态，融合各类应用。

四是建立闭环式、常态化的数据质量管理机制。随着科研机构日常生产活动的深入开展，数据会源源不断地产生，数据规模也会持续扩大，数据治理将是一项需要长期坚持开展的工作。完善数据质量校验规则，通过系统对数据进行交叉校对，自动发现存在错误的数据，让员工协同参与数据核验、质量监督和互动反馈。

13.4 提升网络安全防护水平

促进安全管控向集约化发展，完善统一的安全管控机制体系。促进安全技防向体系化发展，提升全面安全防护能力。促进安全运营向实战化发展，提升覆盖识别、防御、检测、响应的安全运营闭环能力。

一是提升数据安全防护能力。加强数据安全风险识别和防护，提升全网数据传输可管可控，及时发现潜在的数据泄露风险；加强数据加密、数据脱敏等技术应用，强化系统数据权限精细化管理能力，加快完善数据安全合规性评估认证。

二是提升网络安全防护能力。加快完善安全隔离策略，确保内网与外网之间、内网不同子网之间访问是安全可控的；加强各类设备安全入网管控，确保工作电脑、物联设备和服务器等各类设备入网前符合网络安全规范。

三是加强网络安全运营管理。加强网络安全漏洞修复，完善漏洞从发现、通报、整改到核实的全流程闭环管理流程，压实资产归属人安全主体责任，加强网络安全风险处置，完善网络安全应急处置预案，确保"网络安全零重大事故"。

参考文献

[1] 探索建设城市数据大脑 [EB/OL].[2021-10-08].https://m.thepaper. cn/baijiahao_14822706.

[2] 数字化让城市更智慧（思想纵横）[EB/OL].[2021-03-26]. http://opinion.people.com.cn/n1/2021/0326/c1003-32061028.html.

[3] 袁家军.以习近平总书记重要论述为指引 全方位纵深推进数字化改革 [N].学习时报，2022-05-18（1）.

[4] 袁家军.全面推进数字化改革 努力打造"重要窗口"重大标志性成果 [J].政策瞭望，2021（3）：4-8.

[5] 吴楠.浙江 数字改革先行者 [N].中国市场监管报，2022-08-17.

[6] 科学技术部编写组.深入学习习近平关于科技创新的重要论述 [M].北京：人民出版社，2023.

[7] 科技部、财政部、教育部、中科院关于持续开展减轻科研人员负担 激发创新活力专项行动的通知.国科发政〔2020〕280号.[EB/OL].https://www.gov.cn/zhengce/zhengceku/2020-10/29/content_5555764.htm.

[8] 中华人民共和国国民经济和社会发展第十四个五年规划和2035 年远景目标纲要 [EB/OL].[2021-03-13].https://www.gov.cn/xinwen/2021-03/13/content_5592681.htm.

[9] 国务院办公厅关于完善科技成果评价机制的指导意见.国办发〔2021〕26 号 .[EB/OL].[2021-07-16].https://www.gov.cn/zhengce/

zhengceku/2021-08/02/content_5628987.htm.

[10] 国务院办公厅关于印发要素市场化配置综合改革试点总体方案的通知. 国办发〔2021〕51号.[EB/OL].[2021-12-21].https://www.gov.cn/zhengce/content/2022-01/06/content_5666681.htm.

[11] 科技部办公厅 财政部办公厅 自然科学基金委办公室关于进一步加强统筹国家科技计划项目立项管理工作的通知. 国科办资〔2022〕107号.[EB/OL].[2022-08-11].https://www.gov.cn/zhengce/zhengceku/2022-08/11/content_5705024.htm.

[12] 中共中央办公厅 国务院办公厅印发《关于进一步加强青年科技人才培养和使用的若干措施》[EB/OL].[2023-08-27].https://www.gov.cn/yaowen/liebiao/202308/content_6900452.htm.

[13]D·普赖斯. 小科学·大科学[M]. 宋剑耕，戴振飞，译. 北京：世界科学出版社，1982：73-75.

[14] 沈律. 小科学，大科学，超大科学——对科技发展三大模式及其增长规律的比较分析[J]. 中国科技论坛，2021（6）：149-160.

[15] 王贻芳，白云翔. 发展国家重大科技基础设施 引领国际科技创新[J]. 管理世界，2020（5）：172-188.

[16] 尹西明，陈劲，贾宝余. 高水平科技自立自强视角下国家战略科技力量的突出特征与强化路径[J]. 中国科技论坛，2021（9）：1-9.

[17] 陶永亮，高金莎. 构建关键核心技术攻关新型举国体制的浙江路径[J]. 科技智囊，2022（8）：44-51.

[18] 西桂权，刘光宇，李辉. 基于学科交叉的国家实验室建设研究[J]. 实验技术与管理，2022（11）：1-5.

[19] 赵正，郭明军，马骁，等. 数据流通情景下数据要素治理体

系及配套制度研究 [J]. 电子政务，2022（2）：40-49.

[20] 中共中央 国务院关于构建数据基础制度更好发挥数据要素作用的意见 [EB/OL].[2022-12-19].http://www.gov.cn/zhengce/2022-12/19/content_5732695.htm.

[21] 刘兹恒，曾丽莹 . 我国高校科研数据管理与共享平台调研与比较分析 [J]. 情报资料工作，2017（6）：90-95.

[22] 黄欣卓，米加宁，章昌平，等 . 科学数据复用研究的演化、知识体系与方法工具——兼论第四科研范式的影响 [J]. 科研管理，2022（8）：100-108.

[23] 陈套 . 推动科研范式升级 强化国家战略科技力量 [J]. 中国科技奖励，2020（8）：67-68.

[24] 薛菁华，徐慧婷，陈广玉 . 全球科研范式数字化转型趋势研究 [J]. 竞争情报，2022（6）：54-63.

[25] 魏阙，辛欣，张敬天，等 . 数字化转型推动科研范式变革的思考 [J]. 创新科技，2021（7）：11-18.

[26] 程学旗，梅宏，赵伟，等 . 数据科学与计算智能：内涵、范式与机遇 [J]. 中国科学院院刊，2020（12）：1470-1481.

[27] 孙蒙鸽，黄雨馨，韩涛，等 . 科研智能化新趋势下知识服务的挑战与机遇 [J]. 情报杂志，2022（6）：107，173-181.

[28] 杨晶，韩军徽，李哲 . 促进科研管理数字化转型的对策 [J]. 科技导报，2021（21）：80-86.

[29] 唐圣姣 . "互联网 +"时代高校科研管理模式改革研究 [J]. 宁德师范学院学报（哲学社会科学版），2018（1）：111-113.

[30] 张春兰，吴礼福，张广丽 . 大数据下高校科研管理信息化研

究 [J]. 南京开放大学学报，2022（4）：64-69.

[31] 欧龙，魏原杰 . 构建大数据背景下科技管理创新平台的实践探索 [J]. 科技视界，2021（30）：187-188.

[32] 胡志刚，王欣，李海波 . 从商业智能到科研智能：智能化时代的科学学与科技管理 [J]. 科学学与科学技术管理，2021（1）：3-20.

[33] 吴燕秋，黎美秀，丁元杰，等 . 面向临床科研的全院级医疗大数据平台建设与数据治理实践探索 [J]. 中华医学科研管理杂志，2021（2）：81-86.

[34] 张兰，罗威，周倩，等 . 智能科研助手技术研究与进展 [J]. 情报学进展，2022（1）：242-264.

[35] 李昱，赵静宜，左家平 . 人工智能赋能科技管理变革的新趋向 [J]. 科技智囊，2022（4）：52-60.

[36] 曾国屏，苟尤钊，刘磊 . 从"创新系统"到"创新生态系统" [J]. 科学学研究，2013（1）：4-12.

[37] 张超，陈凯华，穆荣平 . 数字创新生态系统：理论构建与未来研究 [J]. 科研管理，2021（3）：1-11.

[38] 陈凯华 . 加快推进创新发展数字化转型 [J]. 瞭望，2020（52）：24-26.

[39] 金珺，李诗婧，李猛，等 . 基于创新生态系统视角的校企数字化转型协同演化分析 [J]. 创新科技，2021（10）：28-36、F002.

[40] 布和础鲁，陈玲 . 数字创新生态系统：概念、结构及创新机制 [J]. 中国科技论坛，2022（9）：54-62.

[41] 余江，丁禹民，刘嘉琪，等 . 深度数字化背景下开源创新的开放机理、治理机制与启示分析 [J]. 创新科技，2021（11）：13-20.

[42]Jinqiu Xu, Yanping Shi. Reseach on an Innovative Digital Intelligent Ecological Model Based on the BlockChain Cloud in China[C]//2020 International Conference on Big Data and Informatization Education (ICBDIE). IEEE， 2020: 498-501.

[43] 储节旺，吴蓉，李振延 . 数智赋能的创新生态系统构成及运行机制研究 [J]. 情报理论与实践，2023（3）：1-8.

[44] 韩文秀 . 新发展阶段 新发展理念 新发展格局 [J]. 理论学习与探索，2020（6）：5-7.

[45] 加强版 ChatGPT 来了！在这个考试中，成绩超过 93% 考生 [EB/OL].https://www.51ldb.com/shsldb/jiaoy/content/0186f266a909c001 0000df844d7e124a.htm.

[46] 中共中央　国务院印发《数字中国建设整体布局规划》 [EB/OL].[2023-02-27].https://www.gov.cn/xinwen/2023-02/27/ content_5743484.htm.

[47] 浙江省委书记袁家军：全方位纵深推进数字化改革 [EB/OL]. [2022-05-18].https://m.thepaper.cn/baijiahao_18145844.

[48] 张璇，张晓洁 . 从"乌镇峰会"10 年，看"数字浙江"20 年 [N]. 新华每日电讯，2023-11-15（3）.